走向交互设计的养老建筑

王洪羿 著

江苏凤凰科学技术出版社

南京

图书在版编目（CIP）数据

走向交互设计的养老建筑 / 王洪羿著 . —— 南京 ：
江苏凤凰科学技术出版社 ，2021.5
ISBN 978-7-5713-1903-8

Ⅰ . ①走… Ⅱ . ①王… Ⅲ . ①老年人住宅 - 建筑设计
- 研究 Ⅳ . ① TU241.93

中国版本图书馆 CIP 数据核字 (2021) 第 080315 号

走向交互设计的养老建筑

著　　　者	王洪羿
项 目 策 划	凤凰空间 / 陈　景
责 任 编 辑	赵　研　刘屹立
特 约 编 辑	靳思楠

出 版 发 行	江苏凤凰科学技术出版社
出版社地址	南京市湖南路 1 号 A 楼，邮编：210009
出版社网址	http://www.pspress.cn
总 经 销	天津凤凰空间文化传媒有限公司
总经销网址	http://www.ifengspace.cn
印　　　刷	天津久佳雅创印刷有限公司

开　　　本	710 mm×1 000 mm　1 / 16
印　　　张	10
字　　　数	200 000
版　　　次	2021 年 5 月第 1 版
印　　　次	2021 年 5 月第 1 次印刷

标 准 书 号	ISBN 978-7-5713-1903-8
定　　　价	69.80 元

图书如有印装质量问题，可随时向销售部调换（电话：022-87893668）。

前言

"设计不是创造外形，而是创造关系。"

——深泽直人

　　日益严重的人口老龄化现状和养老产业的迅速发展，对机构型养老建筑空间的设计与研究提出了更高层面的要求。当前的机构型养老建筑空间设计与研究领域，主要以满足老年人居住功能及无障碍设施配置的建筑客体研究为主，缺乏对老年人行为与建筑空间设计之间交互关系的整体性综合考量。然而，建筑设计的本质源自人和空间环境的关系，老年人的行为和心理发展依赖于一定的场所环境，建筑空间环境和老年人的使用体验、情感需求之间是非单向的交互作用关系。由于老年人生理机能的衰退和心理状态的变化，更加需要通过交互设计增进老年人与其居住生活的空间环境的互动和交流，在建筑空间和老年人行为之间营造良好的交互关系。我们应该在解析交互关系的基础上，以影响交互过程的设计变量数据分析为依据，将空间与老年人行为之间交互关系的实证调查发展到系统建筑空间设计研究层面，探讨一种自上而下对建筑空间的整体把握，以及一种自下而上满足老年人行为、生理尺度与内在心理需求的空间行为双向交互设计策略，并从营造建筑空间和老年人行为之间良好交互关系的角度来理解和指导机构型养老建筑空间的研究与设计，为老年人构筑宽松和谐、安心舒适的居养空间环境。

目录

第一章
老龄化背景、养老福祉政策与养老建筑类型体系

科技和经济高速发展的同时，伴随人口出生率和死亡率的下降、预期寿命的提高，人口老龄化的持续加深已成为世界性问题。同样，老龄化问题对我国社会发展的影响也是多方位的。老龄化社会对老年人的居住形式与居住环境提出了新的要求，而机构型养老建筑空间设计却缺乏系统的、实证性的研究。本书正是在日益紧迫的老龄化社会背景下，对机构型养老建筑空间使用现状和存在问题进行的基础研究，以机构型养老建筑空间与老年人行为之间的内在交互关系为出发点，通过实地调研分析入住老年人的外在行为及内在心理需求特征，从机构型养老建筑空间行为双向交互设计研究的角度，解决老年人的养老居住问题。

第一节 人口老龄化现状与发展趋势

一、世界人口老龄化状况

人口老龄化是世界各国共同面临的难题，联合国最新数据显示，世界60岁以上老年人口比例将由2000年的10.0%上升到2025年的15.1%、2050年的21.7%；65岁以上老年人口比例相应由2000年的6.9%上升到2025年的10.5%、2050年的16.1%[1]。与发达国家相比，发展中国家的人口老龄化速度更为惊人，到2050年，发展中国家老年人口数将会达到15.6亿人，占总人口数量的19.2%。

国际上通常认为，当某一国家或地区60岁以上老年人口占比超过

---

[1] United Nations Population Fund. Ageing in the Twenty-First Century: A Celebration and A Challenge [R]. New York: UNFPA, 2012.

10%，或者 65 岁以上老年人口占比超过 7% 时，那么这个国家或地区的居民已身处老龄化社会。美国自 20 世纪 40 年代起就已经步入老龄化社会，目前美国 65 岁以上人口占总人口的 14.39%；瑞典早在 1890 年就已经步入老龄化社会，男女平均寿命分别达到 79 岁与 83 岁；预计到 2030 年，芬兰 65 岁以上老年人口将占总人口的 23% 以上。日本是紧随欧洲国家之后的又一人口高度老龄化国家，根据日本总务省发表的统计数据，2015 年，日本 65 岁以上老年人口占总人口的比例达到 26.7%，老年人口在 2042 年将达到 3878 万人，之后老年人口数量将逐年减少，但由于总人口数量的减少，老龄化率将持续增加，预计在 2060 年老龄化率将达到 39.9%，这意味着届时日本国民每 2.5 人中就有 1 个 65 岁以上的老年人 [2]。欧洲国家最早进入老龄化社会，但发展速度趋于平缓。在亚洲，中国 65 岁以上老龄人口占比从 7% 增至 14% 只用了 27 年，从 10% 增至 20% 则只用了 21 年 [3]。伴随老龄化程度不断加深，老年人的居住环境、养老建筑设计与建设等问题成为各方关注的焦点。

二、中国人口老龄化现状和发展趋势

（一）老龄化现状和老年人口分布

国家统计局数据显示，截至 2015 年底，全国 60 岁及以上老年人口达 22 200 万人，占总人口的 16.1%，其中 65 岁及以上人口达 14 386 万人，占总人口的 10.5%[4]。中国自 1999 年进入老龄化社会后，老年人口数量不断增加，老龄化程度持续加深，预计到 2050 年我国老年人口将达到 4.34 亿人，届时人口老龄化率将达到 30.95%，老年人的居住和照料问题将更加突出。我国人口老龄化的地区差异较明显，北京、上海、天津、重庆 4 个直辖市和江苏、浙江、山东等东部经济比较发达的省人口老龄化的程度比较高，各省老龄化速率发生的变化不一，表现为中西部地区老龄化速度相对加快，吸纳劳动人口较多的省（直辖市）老龄化速度相对于劳动力流出省（自治区）总体要慢，东部省和直辖市的老龄化程度和发展速度仍然很快 [5]。

[2] United Nations Population Fund. Ageing in the Twenty-First Century: A Celebration and A Challenge [R]. New York: UNFPA, 2012.

[3] 张恺梯，郭平 . 中国人口老龄化与老年人状况蓝皮书 [M]. 中国社会出版社 , 2010.

[4] 中华人民共和国民政部 . 2014 年社会服务发展统计公报 .

[5] 林维山 . 中国人口老龄化与商业银行经营战略研究 [D]. 广州：华南理工大学 ,2011.

（二）人口结构特征

按五岁组划分 1953—2050 年间我国的人口结构，可以发现我国人口结构从 1950 年标准的金字塔形状，变为 2000 年的重檐庙顶形状。受到 1953—1957 年和 1962—1973 年两次生育高潮的影响，大量人口在 2013—2017 年和 2022—2033 年陆续达到 60 岁以上，相应推移 5 年达到 65 岁以上，形成老龄化加速发展的两个时期，在 2045—2050 年前后老年人口数量和老龄化水平达到峰值[6]。在加速老龄化的时期，金字塔形状呈现出顶部扩张、底部缩紧的趋势，老龄化压力增大，形势更加严峻。

第二节 养老保障政策与相关设施建设状况

老龄化背景下养老居住问题的解决离不开相关养老保障政策、建设法规的支撑。一些国家在步入老龄化社会后比较注重完善社会保障体系，通过立法来解决养老问题，而这些法律法规制度的制订和完善都对养老建筑的设计、建设及其建筑类型体系的构建和发展起到了至关重要的作用。

一、国外相关养老保障政策与建筑类型

（一）欧美国家

美国的养老保障制度主要包括养老保险与医疗保险两大部分。在完善的养老保障体系下衍生出对应的养老服务机构，包括：提供外来照护服务的老年人分享住宅与支持住宅；专门为半高龄老人建造的，附带公共设施和社会服务的集合式住宅；为高龄且收入高的老人提供非 24 小时医疗服务的辅助生活住宅；专门为介护老人建造的，提供 24 小时医疗服务的护理之家。瑞典重视养老法制建设，并设立专门法院来监督、管理和执行[7]。瑞典多次出台或修订养老金法案，分别为 1913 年《国民养老金法案》、1948 年《养老金法》、1962 年《国民保险法》，以及 1980 年议会通过的调整社会保障支

---

[6] 中华人民共和国民政部 . 2014 年社会服务发展统计公报 .

[7] 颜培 . 国内外养老地产比较分析 [D]. 郑州：河南工业大学 ,2013：16.

出保值方法的法案、1994 年改革政府养老保险体制的决议和 1998 年实施养老保险体制改革的法案[8]。丹麦的养老金制度包括基本保障和收入维持，由基本养老金制度、劳动力市场补充养老金制度、企业年金计划和私人年金计划组成。根据老年人身体状况的差异，丹麦老年人居住建筑分为几种基本类型，包括为自理老年人提供的老年人住宅、为非自理老年人和失智老年人提供的照护型住宅、老年人活动中心，以及为老年人提供日间和全天照护的机构型养老设施[9]。

（二）日本

据统计，2013 年日本总人口数为 1.273 亿人，较 2011 年总人口数连续 3 年减少。其中：65 岁以上的老年人口达到 3190 万人（男性 1370 万人、女性 1820 万人，性比 75.3%），占总人口的 25.1%；75 岁以上的高龄老年人口达到 1560 万人（男性 598 万人、女性 962 万人，性比 62.2%），占总人口的 12.3%。据统计，2013 年日本老龄化率最高的地区为秋田县 31.6%，老龄化率最低的地区为冲绳县 18.4%[10]（表 1、图 1、图 2）。

表 1 日本老龄化现状

单位：万人（人口）、%（构成比）

项目		2013年			2012年		
		总数	男	女	总数	男	女
人口（万人）	总人口	12 730	6191	6539	12 752	6203	6549
		（性比）	94.7			（性比）	94.7
	老年人口（65岁以上）	3190	1370	1820	3079	1318	1762
			（性比）	75.3			（性比） 74.8
	65~74岁人口	1630	772	858	1560	738	823
			（性比）	90.0			（性比） 89.7
	75岁以上人口	1560	598	962	1519	580	939
			（性比）	62.2			（性比） 61.8
	青壮年人口（15~64岁）	7901	3981	3920	8018	4038	3980
			（性比）	101.6			（性比） 101.5
	少年人口（0~14岁）	1639	840	800	1655	847	807
			（性比）	105.0			（性比） 105.0
构成比	总人口	100.0	100.0	100.0	100.0	100.0	100.0
	老年人口（老龄化率）	25.1	22.1	27.8	24.1	21.2	26.9
	65~74岁人口	12.8	12.5	13.1	12.2	11.9	12.6
	75岁以上人口	12.3	9.7	14.7	11.9	9.4	14.3
	青壮年人口（15~64岁）	62.1	64.3	59.9	62.9	65.1	60.8
	少年人口（0~14岁）	12.9	13.6	12.2	13.0	13.7	12.3

资料来源：日本厚生劳动省官方统计信息部 .2013 年日本老龄化状况与老龄化社会应对策略 [R]. 日本：日本厚生劳动省 ,2013.

[8] 中国劳动保障新闻网 . 瑞典，全球最慷慨的养老保险制度 . http://www.clssn.com.

[9] 余涵 . 关于日本养老设施建设与发展的研究 [D]. 成都：西南交通大学 ,2013：23.

[10] 余涵 . 关于日本养老设施建设与发展的研究 [D]. 成都：西南交通大学 ,2013：23.

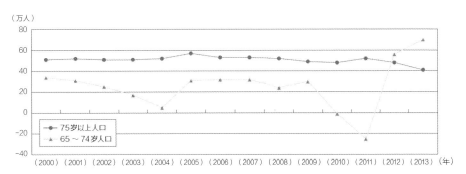

图1 日本老年人口年增长数统计

资料来源：日本厚生劳动省官方统计信息部 .2013 年日本老龄化状况与老龄化社会应对策略 [R].
日本：日本厚生劳动省 , 2013.

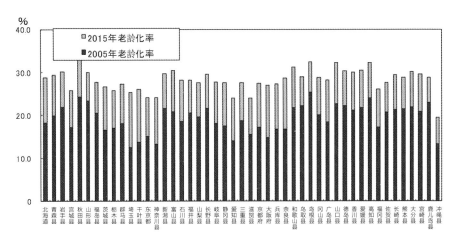

图2 日本各都道府县老龄化率统计

资料来源：日本厚生劳动省门户网站 [EB/OL].http://www. mhlw.go.jp/.

伴随日本总人口出生率逐年降低，预计在2060年日本总人口将减少至8674万人，65岁以上老年人口将在2042年达到3878万人。之后老年人口数量将逐年减少。然而，由于总人口数的减少，老龄化率将持续增加，预计在2060年老龄化率将达到39.9%，这意味着届时日本国民每2.5人中就有1个65岁以上的老年人（图3）。

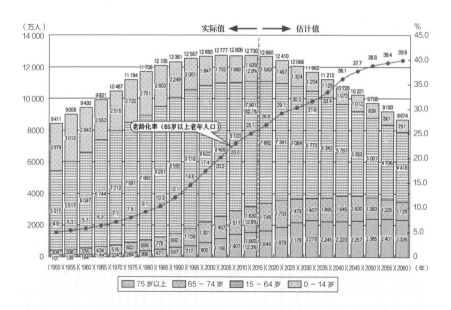

图 3 日本人口老龄化率及不同年龄阶段人口发展趋势

资料来源：日本厚生劳动省官方统计信息部.2013年日本老龄化状况与老龄化社会应对策略[R].日本：日本厚生劳动省，2013.

日本人口老龄化逐年加剧的原因主要有两点：

① 死亡率的下降伴随国民平均寿命的增加。

二战后，由于生活环境的改善、饮食营养结构的改善和医疗技术的进步，幼儿和青少年的死亡率大幅下降。伴随养老保障制度、介护服务设施的发展和完善，日本国民平均寿命自1950年（男性58.0岁、女性61.5岁）开始逐年增长。2013年男性平均寿命达到79.6岁、女性平均寿命达到86.4岁，预计2060年日本人口平均寿命将增加至男性84.19岁、女性90.93岁（图4）。

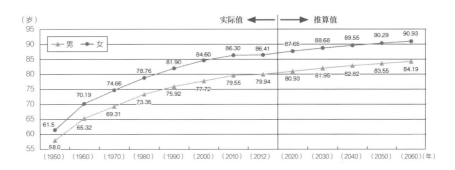

图4 日本男女人口平均寿命历年统计和发展趋势

资料来源：日本厚生劳动省官方统计信息部.2013年日本老龄化状况与老龄化社会应对策略[R].日本：日本厚生劳动省，2013.

② 少子化导致年轻人口逐年减少，相应人口年龄结构发生变化。

日本人口经历两次婴儿潮后（第一次婴儿潮：1947—1949年，出生数量805.71万人。第二次婴儿潮：1971—1974年，出生数量816.16万人），人口开始出现减少倾向。2012年的婴儿出生数量为103.72万人，出生率为8.2%，较2006年下降0.4%，预计人口出生率在2060年减少至5.6%。与此同时，老年人口的死亡率逐年下降，致使人口老龄化持续加剧（图5、图6）。

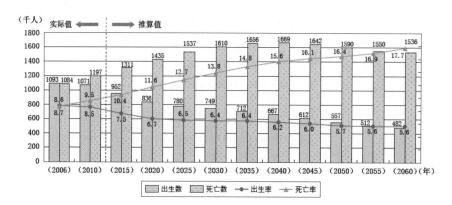

图 5 日本人口出生率及死亡率现状和发展趋势

资料来源: 日本厚生劳动省门户网站 [EB/OL].http://www. mhlw. go.jp/.

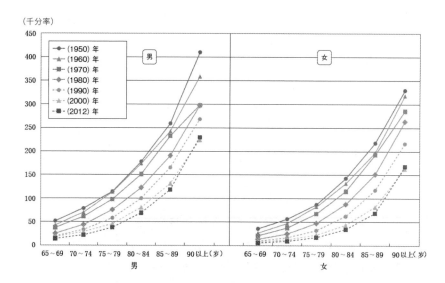

图 6 日本不同年龄阶段老年人死亡率统计

资料来源: 日本厚生劳动省门户网站 [EB/OL].http://www. mhlw. go.jp/.

日本年金制度（养老保险制度）在二战后逐步建立及完善，一般来说可分为"公共年金"和"企业、个人年金"两大类[11]。其中公共年金又可以细分为国民年金、厚生年金和共济年金等。国民年金是指在日本居住的20岁以上60岁以下的全部国民需要加入的基础年金制度；厚生年金是指日本全国性的各企业、公司、事务所、政府机关等的在职人员所加入的年金制度，其同时加入国民年金；共济年金是指国家和地方的公务员、私立学校的教职工等加入共济公会后需要加入的年金制度，其同时加入国民年金。企业、个人年金是对公共年金制度的补充，如个人购买的保险及储蓄等。在年金支付者达到规定退休年龄之后，按照一定比例发放年金，满足老年人养老的各种需求[12]。另外，日本国民健康保险制度负担了居民就医70%的医疗费用。日本介护保险制度的构成体系（图7）中，通过介护认定的老年人只需负担10%的介护费用来接受相应的各项医疗护理服务，90%的护理费用由国家及地方政府结合养老保险金负担。介护保险的总费用逐年递增，2012—2014年老年人每月需支付的养老保险金较2000—2002年增加了20%。

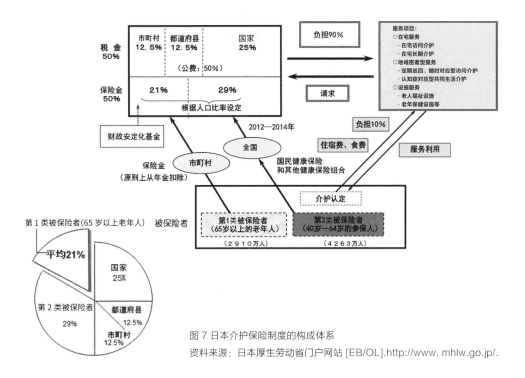

图 7 日本介护保险制度的构成体系
资料来源：日本厚生劳动省门户网站 [EB/OL].http://www. mhlw.go.jp/.

[11] 林文洁 . 城市高龄者居住空间规划研究 [D]. 新潟：日本国立新潟大学，2006.
[12] 余涵 . 关于日本养老设施建设与发展的研究 [D]. 成都：西南交通大学，2013.

在日本，根据老年人身体健康状况、日常生活自理能力和相应医疗介护评价标准，可以将老龄人口分为"自理老人""要支援型老人（2个等级）"和"要介护型老人（5个等级）"（表2）。

其中，"要支援2"和"要介护1"两种状况以及介于其间的过渡状态下的老年人，伴随其认知等机能的降低，介护预防相对困难。短时间内可以根据审查判定来预测老年人身心状态的恶化，约6个月以内需要对要介护状态等进行再度评价（图8~图10）。

"介护认定的基准时间"是指结合介护老年人的生活自理程度、介护方式、身体残障程度等基础数据来测定和推算一天内介护对象在各种护理项目（例如入浴、排泄、进食、清洗扫除等家务事，步行训练、机能训练以及医疗等关联行为）中所需要的时间。根据介护等级的不同，要支援的老年人每月的护理费用为5万~11万日元（人民币2500~5500元），要介护的老年人每月的护理费用为17万~37万日元（人民币1万~2万元）。

表2 日本老年人介护评定类型

定义	介护认定的基准时间	要介护等级
要支援的情况： 老年人的日常生活部分可以自理，但由于生病或者身体有障碍时，需要阶段性的护理和照料；需制订看护计划，为利用者提供有助于自立的看护预防服务	25~32分钟	要支援1
	32~50分钟	要支援2
要介护的情况： 老年人由于身体虚弱或者残疾，如厕、洗澡、就餐等基本日常生活无法自理，需要持续长期的护理和照料；为确保老年人介护服务的适当利用，需根据老年人的身心情况和本人意愿制订看护计划	32~50分钟 （在要介护的情况下，老年人认知机能低下，身心状态恶化）	要介护1
	50~70分钟	要介护2
	70~90分钟	要介护3
	90~110分钟	要介护4
	110分钟以上	要介护5

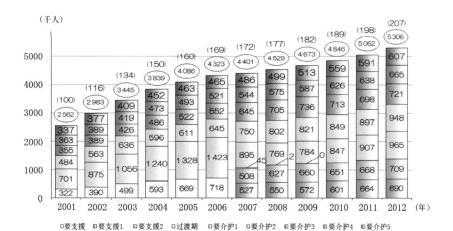

图 8 日本历年老年人介护分级评定人数统计

资料来源: 日本厚生劳动省门户网站 [EB/OL].http://www.mhlw.go.jp/.

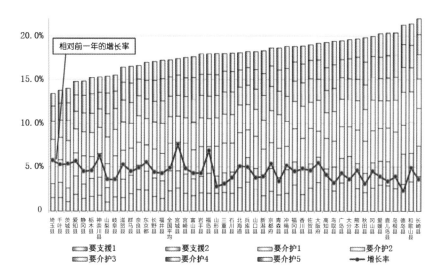

图 9 日本各地区的老年人介护分级评定人数统计

资料来源: 中华人民共和国国家统计局,国家数据门户网站.年度数据 [EB/OL].

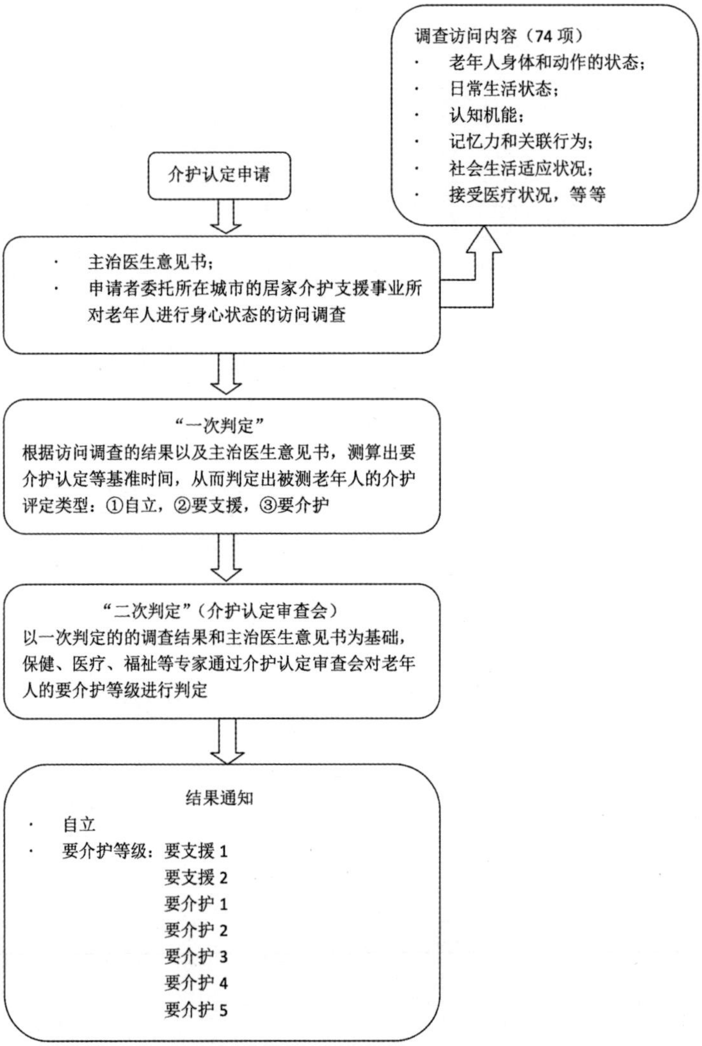

调查访问内容（74 项）
- 老年人身体和动作的状态；
- 日常生活状态；
- 认知机能；
- 记忆力和关联行为；
- 社会生活适应状况；
- 接受医疗状况，等等

介护认定申请

- 主治医生意见书；
- 申请者委托所在城市的居家介护支援事业所对老年人进行身心状态的访问调查

"一次判定"
根据访问调查的结果以及主治医生意见书，测算出要介护认定等基准时间，从而判定出被测老年人的介护评定类型：①自立，②要支援，③要介护

"二次判定"（介护认定审查会）
以一次判定的的调查结果和主治医生意见书为基础，保健、医疗、福祉等专家通过介护认定审查会对老年人的要介护等级进行判定

结果通知
- 自立
- 要介护等级：要支援 1
　　　　　　要支援 2
　　　　　　要介护 1
　　　　　　要介护 2
　　　　　　要介护 3
　　　　　　要介护 4
　　　　　　要介护 5

图 10 日本老年人介护评定流程

区别于居家养老、机构养老和社区养老这三大传统意义上的养老模式，按照日本城市和农村人口流动的特征将日本养老模式分为 5 种类型（表 3）。

表 3 日本养老模式分类及内容概述

养老模式类型	内容概述
U-TURN 型 养老模式	从城市到出生地的老年人口回流现象之一，是指从出生地到出生地城市移住的人，年老后再次返回出生地的故乡居住养老的现象。农村人门的过少化发展、城市人口的过密化发展，被认为是导致环境恶化等城市问题的原因之一
U-TURN RUSH 型 养老模式	在特定时间阶段从城市到出生地的老年人口回流现象，从出生地到城市移住的人，年老后在每年的特定时间阶段，如岁末年初、黄金周等节假日连同子女亲属从居住城市返回出生地短期休养的现象。这种人口回流现象导致都市圈发生拥堵。U-TURN RUSH 型和 U-TURN 型的区别在于前者不在出生地长期居住，而后者是一种老年人移住现象
I-TURN 型 养老模式	从出生地到中心一线城市（例如东京、大阪等）移住工作的人，由于中心城市住房和交通问题，选择在中心城市周边城乡结合地域居住养老的现象
J-TURN 型 养老模式	从外地移居到大城市的人，回到出生地附近的中等规模城市的老年人口流动现象。冲绳的孤岛出生者移住东京、大阪等大陆城市，年老后回到冲绳岛地方的农村或渔村，但由于资源匮乏，中途选择地方城市居住养老的现象
O-TURN 型 养老模式	U-TURN 型人群在返回出生地后，由于对出生地固有生活的再次厌倦，进而重新移居之前工作城市居住养老的现象

将同一养老设施内的健康老人生活区和护理老人生活区分开设计，并从护理程度和收费等级的角度进行设施分类，又可以将养老设施分为介护保险养老设施、收费老年人之家、老年人住宅、痴呆症老年人对应型共同生活介护养老院和面向低收入老年群体的养老设施 5 种建筑类型。

1. 介护保险养老设施

（1）介护疗养医疗设施

该设施的特征是为需要长期疗养和介护的老年人而建立的诊疗所或医院，其中医生和护理人员的数量配置比一般医院要少。

（2）介护老年人保健设施

该类型养老设施的使用对象是病情安定期需要康复或者看护介护的医疗照顾的老年人，是介于医院疗养和在家疗养之间的设施。

（3）特别养护老年人之家

以在自家介护困难者、痴呆症老年人或者长期卧床等需要特殊介护的老年人为对象的养老设施，提供日常生活介护，如饮食、洗澡、排便等，也为老年人提供基础生活的场所。

2. 收费老年人之家

（1）介护型收费老年人之家

为老年人提供日常生活必需的服务。此类型养老设施需要老年人自己负担相关费用，故护理及服务水平较高，以帮助使用者过上舒适的日常生活，建筑空间、室内家具等设施的设计和布置更为丰富。

（2）住宅型收费老年人之家

建筑设计采用集合住宅类型，房间和家具布置也根据入住老年人的需要进行相应设计，为老年人提供一个熟悉的室内生活环境。建筑一般为 3 层，底层配备医疗康复、公共活动、餐饮等日常服务功能，二、三层为老年人居室。

（3）健康型介护性收费老年人之家

设施使用对象是长期疗养和需要介护的老年人。因为该养老设施收费较高且老年人自己负担设施使用费用，所以健康型介护性收费老年人之家较介护型收费老年人之家保健设施内的医务人员配比更多，且建筑内配备高端先进的老年人生理康复器械。

3. 老年人住宅

允许老年人入住的出租住宅，包括地方公共团体向老年人提供的优质出租住宅。此类养老设施一般就近规划在城市集合住宅社区内，由于存在不同年龄的居住群体，老年人可以享有多世代交流、熟知的生活环境等。

4. 痴呆症老年人对应型共同生活介护养老院

服务对象是轻度痴呆、需要介护的老年人，5 ~ 9 个人为一个照顾单元。养老院为老年人提供饮食、洗浴、排泄等生活介护。通过护工引导和康复训练促使入住老年人做一些自己力所能及的事情，创造共同协助生活的设施场所。

5. 面向低收入老年群体的养老设施

（1）低收费老年人之家

设施服务对象为 60 岁以上且属于低收入阶层的老年人，是为那些由于家庭环境、住宅条件等限制在家生活困难的老年人而设立的养老设施，通过尽可能使用最基础的服务来满足老年人日常生活的需要。

（2）生活支援住宅

为那些由于经济原因或者年龄问题，对独自生活抱有不安心理且能够自理的老年人建造的小规模综合养老设施，提供日间服务和居住。

（3）养护老年人之家

为 65 岁以上且由于居住环境和经济原因在家生活困难且不能自理的老年人建设的养护设施。

根据日本主要养老建筑类型的整备和建设状况（图 11）和日本养老建筑的规模与服务内容示意图（图 12）可以看出，日本养老设施通常把可以自理的老年人安置在建筑顶层，把需要介护照料的失能老年人安排在建筑底层，以方便护工协助老年人出入室内外进行锻炼和机能恢复。介护保险养老设施还为老年人提供短期入住的生活看护服务，老年人可以接受入浴、饮食等日常生活的看护和机能训练。

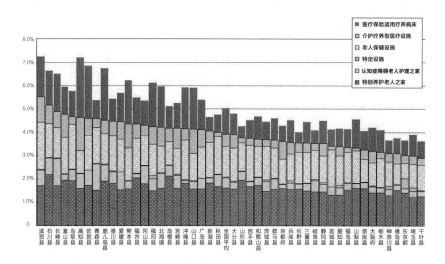

图 11 日本主要养老建筑类型的整备和建设状况

资料来源：日本厚生劳动省官方统计信息部 .2013 年日本老龄化状况与老龄化社会应对策略 [R].

日本：日本厚生劳动省 , 2013.

图 12 日本养老建筑的规模与服务内容示意图

资料来源：日本厚生劳动省官方统计信息部 .2013 年日本老龄化状况与老龄化社会应对策略 [R].

日本：日本厚生劳动省 , 2013.

走向交互设计的养老建筑

二、我国养老保障体系及建筑类型

我国现行有 3 种养老保险：城镇职工基本养老保险、新型农村社会养老保险以及城镇居民社会养老保险[13]。根据舒适度、成本高低、便利性和安全性将我国城市养老模式分为家庭养老、社区养老、机构养老和新兴候鸟式异地养老 4 种[14]。根据社会现状，可将我国的机构型养老建筑分为 8 种类型。

① 敬老院：是指在城乡街道、农村村组设立的主要收养"五保"和"三无"老人，同时接待部分残障和社会寄养老人，让他们能够老有所居、老有所养的养老服务机构。

② 老年福利院：是指由国家投资兴办并进行综合管理，用于接收安置自埋老人、"二无"老人、介助和介护老人安度晚年而设立的社会养老机构。

③ 护老院：主要是指为那些在生活中需要依赖拐杖、扶手、轮椅以及升降设施等辅助用具的介助老人养老而设立的养老服务机构。

④ 护养院：其性质上介于护老院和护理院之间，其养老服务设施更偏重于医疗保健和康复训练，生活娱乐类设施相对较少。

⑤ 老年护理院：主要为长期卧床的老年患者、老年临终患者、老年残障人士、老年绝症晚期患者提供基础和专科护理，有专业的医护人员，其专业技术和服务要求比护老院和护养院要高。

⑥ 托老所：是指为老人提供短期托管服务的社区养老服务场所，一般分为日托、全托和临时托等，托老所内配备有基本的文娱康健和生活起居等养老服务设施。

⑦ 老年公寓：是指为老年人提供的独立或半独立家居形式的居住建筑，具有齐全的配套服务功能，该家庭居室型机构设施的建筑和室内装修都符合老年人心理和行为特征，一般以栋为单位。

⑧ 临终关怀机构：是指为生活完全不能自理或身体健康状况较差的老人提供临终服务的机构。

[13] 余涵 . 关于日本养老设施建设与发展的研究 [D]. 成都 : 西南交通大学 ,2013.
[14] 余涵 . 关于日本养老设施建设与发展的研究 [D]. 成都 : 西南交通大学 ,2013.

结合上述研究背景中的人口老龄化现状及变化趋势、养老保障政策和相关养老设施建设状况，通过对机构型养老建筑空间使用现状及入住老年人的实地调研发现：现有机构型养老建筑设计集中在满足老年人行为、心理需求的单向客体空间及无障碍设计方面，缺乏依据机构型养老建筑空间与老年人行为之间交互关系的实证性调查分析而展开的空间行为双向交互设计，引发空间设计与入住老年人行为之间良好交互关系的缺失。

首先，人口老龄化的过快发展引发对于老年人养老居住问题的更多思考。老年人选择的行为发生场所不在建筑师主观经验设计的空间之内，行为活动属性与所在建筑空间属性相斥导致老年人行为活动之间缺乏秩序性。老年人行为领域之间缺乏层次性与构成性导致建筑空间内行为领域的形成频率较低、行为领域与空间的重合程度降低等问题。上述问题的产生，究其内在原因，是由于建筑空间与入住老年人行为之间缺乏良好的交互关系。

其次，由于生态心理学中的空间与行为交互关系概念较抽象，现有机构型养老建筑设计缺乏对空间与老年人行为内在交互关系的系统实证性探究。在对机构型养老建筑内交互关系的构成要素（交互对象、交互过程、交互介质）进行实证调查分析的同时，如何将交互关系抽象概念进行具象化图解与数据量化研究，实现对空间与老年人行为之间交互关系的系统实证性分析，是本书拟待解决的问题之一。本书通过国内外现有机构型养老建筑的实地调研，对空间与行为之间交互关系的各构成要素进行实证分析，同时，从理论具象图解化、复杂算法可视化多角度分析交互关系涉及的抽象概念，进行学科交叉研究，希望能为机构型养老建筑空间与老年人行为之间交互关系的研究提供一整套逻辑思辨结构和系统的实证性分析方法。

最后，现有机构型养老建筑设计缺乏系统的空间行为交互设计方法论作为指导，建筑师的设计重心多倾向于满足老年人基本生理与心理需求的设施无障碍设计、建筑空间通用设计和居养功能的基本组织，相关设计与研究多集中在针对空间与无障碍设施的单向设计领域，缺乏针对空间与行为的双向交互设计的探索。空间与行为的交互设计对于机构型养老建筑设计领域可以说是一个盲点。如何将现有机构型养老建筑空间通过交互设计进行重新塑造，而不仅仅停留在满足老年人基本身体机能特征的无障碍设计与强制机械的功能组织，为老年人创造更利于其舒适生活的空间环境，是我们研究的重点。

第三节 养老建筑交互设计的目的与现实意义

　　本书作为国家自然科学基金资助的子课题，以日趋严重的人口老龄化为研究背景，探讨机构型养老建筑空间与入住老年人之间的内在交互关系问题，为机构型养老建筑空间的研究与设计提供了一个新的视角。同时，尝试探讨一种以营造建筑空间与老年人行为之间良好交互关系为出发点的空间行为双向交互设计，来满足机构型养老建筑内入住老年人的生理尺度、行为活动与内在心理需求。本书基于空间与老年人行为之间交互关系的实证分析，提出规范的、具体翔实的、有应用价值的空间行为交互设计策略，从而指导机构型养老建筑的空间设计与研究。

一、交互设计的目的

　　① 尝试从"在空间与行为之间营造良好交互关系"的角度来理解和指导机构型养老建筑空间的研究与设计。从空间与行为的交互关系研究角度，对现有机构型养老建筑内入住老年人存在的居住养老问题进行剖析与解释。针对机构型养老建筑空间使用现状中存在的问题，将交互关系研究应用在机构型养老建筑空间设计之中，让建筑空间与入住老年人行为之间产生良好的交互关系，满足老年人的生理机能、行为及定位状态特征，以及内在心理需求，为老年人构筑宽松和谐、安心舒适的居养空间环境。

　　② 通过机构型养老建筑的实地调研，对空间与老年人行为之间的交互关系及其构成要素进行实证分析。明确建筑空间的使用现状与入住老年人的生活实态特征，归纳总结交互过程中的入住老年人行为活动与行为领域特征，以交互关系的实证分析作为机构型养老建筑空间行为交互设计策略建构的研究基础与设计依据。同时运用相关技术手段，实现对生态心理学中交互关系抽象概念的具象化图解与数据量化研究，为空间与老年人行为之间交互关系的研究提供一整套逻辑思辨结构和系统的实证性分析方法。

　　③ 在交互关系实证调查分析的基础上，本书试图探讨一种自上而下对建筑空间的整体把握，以及一种自下而上以老年人的生理尺度、外在行为

及内在需求特征为出发点的空间行为交互设计策略。同时，将机构型养老建筑空间行为交互设计策略从客观上理论化，借助人类行为学、心理学、人体工程学等学科的帮助，从建筑空间与入住老年人行为之间的交互关系角度来探讨机构型养老建筑设计理论。另外，在综合考量老年人居住方式的变化和建筑空间环境设计的趋势之后，建立起能够对机构型养老建筑空间的设计以及对入住老年人的居养生活产生助益的空间行为交互设计方法论（图13）。

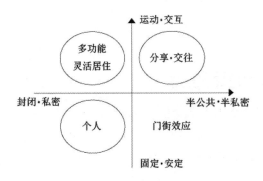

a. 老年人居住方式的变化

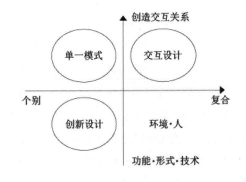

b. 建筑空间环境设计趋势

图13 老年人居住方式的变化和建筑空间环境设计趋势

二、交互设计的现实意义

（一）理论意义

补充和完善我国养老居住及建筑设计理论体系，是对我国现有城市老年人居住、养老设施设计及建设问题相关研究的重要补充，能够完善建筑学理论中的有关机构型养老建筑空间环境、老年人行为活动、定位状态和行为领域等多因子动态交互设计理念研究方面的缺失。本书强调以动态交互的设计观看待人与建筑空间的关系问题。空间环境、行为和人都只是交互系统中的组成元素，建筑设计师必须以动态、多维和整体的视角来审视建筑空间的交互设计，同时优化各学科理论研究的交叉，力求使建筑空间设计、生态心理学、环境行为相关理论达到有机融合，将建筑空间与老年人行为之间交互关系的相关理论及其实证性研究与机构型养老建筑空间设计相结合，实现机构型养老建筑空间设计及其理论研究的高层次创新与拓展。

（二）实践意义

研究空间和老年人行为之间的交互关系，对空间环境的认知、环境和空间的利用、空间环境的优化、分析具体空间内老年人的行为和心理需求等方面具有积极的意义。本书在既有机构型养老建筑设计和使用的基础上，注重空间与老年人行为的交互关系研究在机构型养老建筑空间设计上的合理利用，提出具体、可实现、符合老年人行为和心理需求特征的空间行为双向交互设计策略。使用该策略，可以根据养老项目策划部门、建筑设计师的构想，针对居养老年人数、设施规模大小、使用者的行为活动及内在心理需求等进行空间行为双向交互设计，在机构型养老建筑设计实践应用方面具有较强的灵活性和交互性。通过交互关系的实证性调查研究建立的空间行为交互设计方法论，可以从营造建筑空间与老年人行为之间良好交互关系的角度指导我国机构型养老建筑的设计和建设，同时提供科学的设计依据和完善的技术参考。

第二章

养老建筑交互设计理论

第一节 理论基础

　　生态心理学把人、社会、自然三者作为一个整体，来研究人的行为、心理和所处环境之间的交互作用关系，揭示各种环境条件下人的行为、心理发生和发展的规律。因此，需要将生态心理学相关研究理论作为交互关系研究的基本理论参照，研究生态心理学与机构型养老建筑空间行为交互设计中的理论联系，为机构型养老建筑空间与老年人行为之间的交互关系研究做好理论基础铺垫。

一、交互设计理论基础

　　对环境和行为关系的深入研究和对传统心理学的突破，是由罗杰·巴克（R. Barker）和吉布森（James J. Gibson）来完成的。巴克的行为场景理论和吉布森的生态知觉理论是对生态心理学主体思想的确立，其相关理论研究对"交互关系"的理论影响较直接。美国心理学家吉布森著有《视知觉生态论》（*The Ecological Approach to Visual Perception*）一书，书中的第八章内容对人如何拾取环境的潜在信息，以及环境如何影响人的认知理解，即环境和人之间的"交互作用关系"进行了阐述。对于机构型养老建筑内入住老年人的行为活动、行为领域等研究样本在不同时刻内的切片采集与分析，其调查与实证性分析的逻辑方法主要应用巴克的行为场景理论，同时结合行为场景理论中关于交互关系的相关研究，对机构型养老建筑空间与入住老年人行为之间的交互关系进行实证性分析。在对交互关系作用过程里老年人行为对空间的反馈影响的分析中，本书主要应用吉布森的生态知觉理论中关于环境与行为"共振"

的相关研究，来分析老年人群簇行为领域的形成对其所属交往活动空间的反馈影响程度，并以此作为标准来衡量行为对空间的反馈影响状况，将建筑师的主观设计预想和老年人对建筑空间的利用实态相联系。

二、环境行为学领域的理论更新

依据上述环境行为学相关理论研究发展，本书强调从整体系统、动态可变、非二元的环境行为相互渗透的角度去分析老年人行为与建筑空间的交互关系问题，以整体关系研究为出发点来引导机构型养老建筑空间行为交互设计。结合相关理论研究观点，归纳总结出交互关系的相关理论对本书研究对象——机构型养老建筑空间设计理论的影响。首先，设计思维受到建筑决定论影响，建筑师通常片面强调空间对老年人的社会关系形成的决定作用，希望机构型养老建筑内的空间使用者——老年人能够按照建筑师的设计意图生活，而实际的空间使用状况却常常和建筑师的设计意图相矛盾；其次，由于老年人的行为与空间环境处于不断的相互渗透中，建筑设计也应当不断地满足这个变化的系统的需求，因而是一个动态持续的过程；再次，目前机构型养老建筑设计忽视了建筑设计本应有的多种因素相互交织的系统整体性和老年人使用者的主体性，往往使建成后的建筑空间环境与老年人的组织结构、行为方式和心理认同等产生矛盾，割裂了人与环境之间的关系[15]。而本书正是基于空间环境与行为交互关系的研究，试图通过交互设计来解决上述建筑空间设计和使用者行为之间的关系问题。

[15] 李斌 . 环境行为学的环境理论及其拓展 . 建筑学报 [J].2008, (02).

科学概念界定

一、基本概念

    交互关系中的"交互"源于英文单词 Interaction 和 Interactive，主要是强调两者之间的相互影响和作用。交互关系是指一个实验中有两个或两个以上的自变量，当一个自变量的效果在另一个自变量的每一个水平上都不一样时，我们就说存在着自变量的交互关系。

二、交互设计理论对环境与行为的概念界定

    本书的主要内容集中在空间行为层面，以生态心理学相关行为概念为理论基础，结合机构型养老建筑内老年人的生活实态调查，从"行为活动"和"行为领域"两方面对老年人的行为进行研究。"行为""行为活动""行为领域"三者的区别与联系如下：本书对"行为"的定义范围更大；"行为活动"是"行为"在空间中的具体外在表现，即"行为"受到建筑空间的引发影响产生不同属性、不同种类的"行为活动"；"行为领域"则是老年人内在心理需求引导"行为活动"形成的具有人格化的区域或场所，从而对建筑空间产生反馈影响。

三、交互关系的构成要素划分与概念界定

    形成交互关系需要具备 3 个要素：对象、介质、过程。其中，交互对象包括交互客体对象（建筑空间）和交互主体对象（老年人）。建筑空间引发影响老年人的行为活动，老年人的内在需求引导行为活动形成交互介质（行为领域）反馈影响建筑空间，从而完成交互过程。本节对交互关系构成要素的基本理论概念进行介绍，并结合实地调研数据，对机构型养老建筑内的交互对象、交互介质和交互过程进行深入调查分析，从而实现对机构型养老建筑空间与老年人行为的交互关系解析。

（一）交互客体对象（建筑空间）

建筑空间作为机构型养老建筑内的交互客体对象，其引发影响老年人行为活动发生和进行的因素包括：空间基本功能配比、空间的属性与层次，以及空间整体构成形式。

（二）交互主体对象（老年人）

在机构型养老建筑内，空间环境的使用者包括老年人、护理人员、管理人员，以及来访人员等。其中，入住老年人作为机构型养老建筑空间的使用主体是交互关系的主要研究对象。

（三）交互介质（行为领域）

区别于环境心理学中的传统领域概念，本书以交互关系相关理论研究为基础，将老年人的行为领域定义为交互介质。这是因为交互介质（行为领域）的形成是交互过程得以实现的关键，联系着交互过程的开始点与结束点。在交互过程中，先是空间引发并影响行为活动，然后交互介质（行为领域）的形成反馈影响空间，从而完成交互过程。

（四）交互过程（引发与反馈的两个作用阶段）

交互关系的作用过程是本书的核心研究内容，机构型养老建筑内的交互关系作用过程较抽象，需要结合实地调研，对交互过程进行具象化阶段性分析。本书将机构型养老建筑空间与老年人行为的交互过程划分为引发与反馈这两个阶段[16]，交互过程的两个阶段彼此交互进行、交互影响、交互作用。

交互过程引发阶段：空间对行为的引发影响[17]，即机构型养老建筑空间对老年人行为活动的引发影响，具体表现为交互主体对象（老年人）的行为在交互客体对象（建筑空间）的引发影响下产生不同属性、不同类型的老年人行为活动。建筑空间内产生多样性的老年人行为活动类型，同时各类型行为活动之间不会产生干扰，行为活动保持良好的秩序性，则说明交互客体对象（建筑空间）对行为活动产生了积极的引发影响；反之，建筑空间对老

[16] 李斌. 环境行为学的环境理论及其拓展. 建筑学报 [J].2008, (02).
[17] 李斌. 环境行为学的环境理论及其拓展. 建筑学报 [J].2008, (02).

年人行为活动的引发影响则是消极的，已有空间设计则不利于老年人行为活动的展开。本书将结合机构型养老建筑的实地调研，对交互过程引发阶段内的老年人行为活动特征进行详细论述。

交互过程反馈阶段：行为对空间的反馈影响，即老年人行为领域对所属建筑空间的反馈影响，具体表现为交互主体对象（老年人）的内在需求引导行为活动形成交互介质（行为领域），进而对交互客体对象（建筑空间）产生反馈影响，例如行为领域的形成会赋予原有建筑空间新的功能，或者将空间属性进行置换。交互介质（行为领域）对所属空间固有属性及功能的反馈影响程度越高，说明已有建筑空间设计越无法满足老年人的内在心理需求；反之，交互介质（行为领域）对所属空间固有属性及功能的反馈影响程度越低，则说明已有建筑空间设计越能够满足老年人的内在心理需求。

第三节　交互设计研究状况

一、欧美国家相关理论研究

在社会学、心理学等领域，罗杰·巴克于1968年出版的著作《生态心理学》（ Ecological Psychology ）中系统地阐述了行为场景理论。吉布森出版著作《视知觉生态论》，书中的第八章内容对人如何拾取环境的潜在信息，以及环境如何影响人的认知理解，即环境和人之间的交互作用关系进行了阐述。随后，美国用户心理学专家唐纳德·诺曼(Donald Norman)发表《未来产品的设计》《情感化设计》等多部极具影响力的专著，指出未来产品创新的思路，尤其是人机交互方面的设计，强调从"本能—行为—反思"层面展开对于交互关系的研究[18]。在老年人养老居住研究层面，结合了交互关系的研究多集中在老年人机能辅助器械、数字化医疗居养系统和智能化多媒体产品的研发方面，例如由欧洲智能化多媒体控制交互技术空间系统研究院（INSTICC）发起的DCICT4AWE学术组织，旨在从老年人居养医疗、养老产品、交互设计、

[18] 李斌 . 环境行为学的环境理论及其拓展 . 建筑学报 [J].2008, (02).

智能化养老建筑空间辅助设计的角度出发，实现现代交互技术与养老产品、养老服务体系以及养老设施建设的结合。相关研究虽然在养老建筑设计方面得到了开展和应用，但研究内容主要针对局部空间内的辅助交互设计、无障碍器械设计和老年人监护管理系统设计等，缺乏对建筑空间环境的交互设计研究。

二、日本相关理论研究

（一）日本建筑计划领域的老年人建筑相关研究

日本关于老年人的相关研究拥有长期的积累，在日本学术论文数据库 CiNii 主页内输入关键词"高龄者""老人"，检索到 83 814 篇论文（1929 年至 2014 年 8 月），其中老年人建筑研究相关论文 5130 篇（1974 年至 2014 年 8 月，论文的发表刊物包括《建筑杂志》《日本建筑学会计划系论文集》《建筑的研究》《新住宅杂志》《城镇建设中的福利设施研究》等）。老年人相关研究领域涉及医学、看护实践和管理、社会保障、健康保险、厚生福祉、福祉介护、金融财政、房地产、交通安全教育、人口问题研究、劳动法律、民商法、认知心理学、农业园艺、农村计划学、土木计划学、建筑技术设备以及建筑计划学等，其中关于老年人医疗和护理方面的研究又可细致划分为保健科学、营养学、卫生学、内外科病理研究、临床研究、老年精神医学等，且各领域、学科之间又展开交互研究。图 14 为各学科论文发表数量的百分比，其中老年人建筑研究占论文总发表数量的 6%。

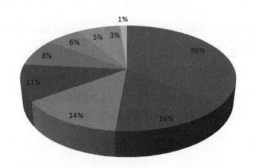

■ 医学（30 165 篇）
■ 社会保障、健康保险（13 057 篇）
■ 社会学、人口问题（11 538 篇）
■ 福祉介护（9435 篇）
■ 心理学（7084 篇）
■ 建筑（5130 篇）
■ 居住规划及交通安全（3905 篇）
■ 农村计划（2636 篇）
■ 其他

图 14 日本老年人研究相关研究领域学术论文占比
数据来源：日本学术论文数据库 CiNii.

以 5 年为一个时期，对 1929 年至 2014 年 8 月间收录在日本学术论文数据库 CiNii 中的 83 814 篇（其中 68 篇论文未标明发表日期）老年人相关研究所发表的学术论文数量进行统计，分析老年人相关研究发展趋势（图 15）。

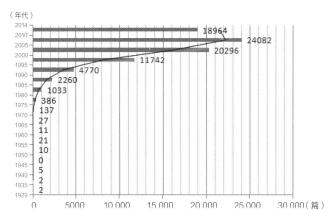

图 15 1929 年至 2014 年 8 月间日本老年人相关研究学术论文发表数量趋势
数据来源：日本学术论文数据库 CiNii.

日本于 1929 年颁布了以援助生活困难的 65 岁以上老年人为目的的《救护法》，其后在 1932 年开始正式施行该法案，老年人的相关初期研究也开始于这个时期。1938 年第二次世界大战爆发的同时，日本设立厚生劳动省并颁布《国民健康保险法》。1945 年至 1950 年为日本战后重建及经济恢复时期，关于老年人的相关研究成果相对较少，在此期间，日本于 1946 年为无法在家自理生活的老年人设置了救护设施，这也是"特别养护老年人之家"的前身。1958 年，日本确立全民保险制度，1959 年建立保障老龄福祉年金。1960 年至 1970 年是日本经济高速增长期，在此期间，日本制定《老年人福祉法》，建立了大量的老年人养老设施机构，如以低收入老年人为使用对象的"养护老年人之家"和为需要重度介护的老年人建设的"特别养护老年人之家"，各领域的相关研究也逐年增加，在 1970 年日本老年人口占比超过 7% 进入老龄化社会后，相关研究成果已经过百。20 世纪 80 年代是日本经济的成长期，人口老龄化超过 10%，随着各医疗服务、保障制度的不断完善，老年人建筑类型也逐渐丰富，出现了"银发住宅"和老年人日间照料机构等养老设施。1997 年，痴呆症老年人建筑（Group Home）制度化，老年人的相关研究越发细致，相关研究领域也不断扩展，学术论文发表数量每年成倍增长。2000 年以后研究和发表论文数量趋于平稳，老年人建筑类型趋向小规模多功能生活单元型。

1. 按照建筑类型分类

　　日本的建筑计划领域中，以日本建筑学会计划系论文集为代表，在 CiNii 主页内详细检索"日本建筑学会计划系论文集"后，输入关键词"高龄者"，检测到 378 篇论文（1990 年至 2014 年 8 月），对建筑计划学研究领域历年老年人建筑相关论文发表数量进行统计。通过对既往研究文献和相关老年人建筑设计的整理和总结，按照介护类型及其提供方式、法人类型、设施基准、老年人身体健康程度、居住方式、养老设施利用费支付以及养老保险利用方式等，可以将日本现有老年人建筑归纳总结为 5 种类型：介护保险养老设施（介护疗养医疗设施、介护老年人保健设施、特别养护老年人之家）、收费老年人之家（介护型收费老年人之家、住宅型收费老年人之家、健康型介护性收费老年人之家）、老年人住宅、痴呆症老年人对应型共同生活介护养老院和面向低收入老年群体的养老设施（低收费老年人之家、生活支援住宅、养护老年人之家）。通过分析各类型老年人建筑既往研究的论文发表情况，可以看出各领域重点研究对象是特别养护老年人之家。建筑学研究领域侧重以痴呆症老年人为主体的对应型共同生活介护养老院（Group Home）的相关老年人行为与建筑空间利用状况的研究，以及面向低收入老年人群体的生活支援住宅方面的设计研究；而非建筑学领域则侧重于针对老年人的健康养护和机能保健方向的研究，特别养护老年人之家、痴呆症老年人对应型共同生活介护养老院、介护老年人保健设施是其研究的重点。

2. 按照研究内容分类

　　以研究内容分类，将老年人的相关研究划分为以下 7 个方向 [19]：

　　① 住宅设计及发展、老年人居住实态和居住意向的研究。20 世纪 80 年代至 90 年代初，日本关于老年人在住宅内的生活实态和居住意向的研究居多。20 世纪 90 年代后期研究逐渐侧重于住宅内家庭成员以及房产拥有者构成变化。其中关于住宅状况和家族居住状况的研究内容具体包括：住宅形态、住宅的产权所有关系、住宅规模、和式和洋式房间的布置、住宅增改建状况、消防设备等基本设施的配置、家庭成员构成、老年人与子女的居住方式（同居、邻居、近居）以及对应的住宅形态、地域和国籍差别带来的居住构成的变化。

[19] 李斌 . 环境行为学的环境理论及其拓展 . 建筑学报 [J].2008, (02).

② 养老建筑内老年人生活实态和建筑空间使用实态的研究。1989 年，日本政府对"老年人保健福祉 10 年推进战略"的制定和实施，加快了特别养护老年人之家、日间护理中心、老年人短期居住设施的设计与建设，也相应展开了不同养老建筑内部空间和入住老年人生活实态的研究。研究内容主要包括：主体条件（性别、健康状况、身体机能、自立程度、家庭构成等）、生活条件（收入、住宅状况等）、生活状况（医疗、交流、独居老人、兴趣、室外活动等）、失智老人的介护状况和生活特点、已有老年人护理服务项目的数量与设施可以提供量的推算，以及新的护理服务项目的计划、医疗设施或老年人活动中心等建筑的使用情况、服务内容、内部空间构成、消费和老年人的生活特性之间的关系。

③ 养老居住环境的评估。研究养老建筑内老年人与居住环境的适应关系，展开对老年人居住环境的定量评价，以及对居住环境评价的实态把握。

④ 环境变换、环境适应性、居住方式的研究。该研究伴随着 1987 年的"环境行为理论"而产生，强调环境和行为的相互渗透。研究内容包括：老年人生活场所和居住环境的变化所产生的问题；养老建筑中老年人对环境的适应、个人领域的形成、居所的选择和公共空间的使用；关注老年人日常生活行为和建筑空间构成，通过对特定空间内老年人行为的观察，研究空间和行为的关联性；介护体制、介护行为、运营问题和居住老年人的生活、空间的关联性研究；关于居住方式和居住空间计划的研究，例如传统老年人的就寝、起居、就餐、会客、家庭成员交流等日常生活行为和西式住宅空间的特点，以及生活行为和住户空间类型的关联性。

⑤ 老年人的外出、交流和地域生活的研究。1999 年 12 月，日本政府提出了"金色计划 21"，明确了日本政府关于都市计划和老年人居住交流方面的政策。伴随着该计划的提出，老年人的研究领域扩展到了老年人户外活动（行动范围、活动内容、频率、行动困难程度和移动方式）、老年人群之间的交流、老年人与亲人及邻里友人之间的交流、老年人养老与地域之间的关系，以及既有住宅适老性改造等方面。

⑥ 老年人的身体机能、基本设施的安全性、灾害应急避难和护理人员的介护能力的研究。我们通过整理文献发现，关于老年人生活环境的安全性和舒适性的提高、老年人身体机能和养护保健设备的使用方面的研究逐渐增

多。例如：关于老年人的视觉感知，如在建筑内行走时对障碍物的感知特点、公共场所内老年人对信息提示板的认知度、信息提示板和公共标识对老年人行为的牵引作用、公共场所楼梯的安全性问题、室内照明和适合老年人感知的光源的设计等方面的研究；根据老年人入浴、如厕时的姿势变化和护理人员的介护动作来设计空间尺度的研究；养老建筑内的地板、楼梯的安全性问题，建筑门厅处的自动门等设施与使用轮椅的老年人的生活及移动能力之间的研究；基本设施如空调暖房的评价、电梯的使用状况的分析，养老设施在面临火灾、地震时老年人的避难安全性，以及护理人员的介护能力的相关研究。

⑦其他国家老年人的居住问题。研究对象及内容包括：中国城市集合住宅中居家养老的老年人和多代共居生活实态的研究，以及城市养老社区如北京太阳城的研究；韩国老年人对户外设施利用的研究；丹麦的老年人住宅设计、居住实态、老年人福祉设施的空间使用方法、住户平面的类型化研究；芬兰的失智老人之家的空间设计及利用特点方面的研究。

（二）生态心理学体系下交互关系的相关研究

通过对既往研究资料的整理、统计和分析，按研究内容分类，将生态心理学体系下交互关系的相关研究划分为以下 8 个方向：①心理学；②认知科学；③环境、行为和人工智能；④现代思想和复杂性科学；⑤交互设计；⑥建筑和土木工程；⑦医学；⑧人文科学。由此可见，相关研究主要集中在人的心理、行为特点和环境认知领域，相关学术论文及著作发表量占 61%，而结合建筑学的相关研究占到 8%，交互设计方面的研究占到 10%（图 16、图 17）。

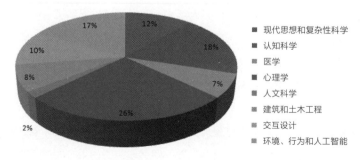

图 16 生态心理学体系下交互关系的相关既往研究内容分类及占比
数据来源：日本学术论文数据库 CiNii.

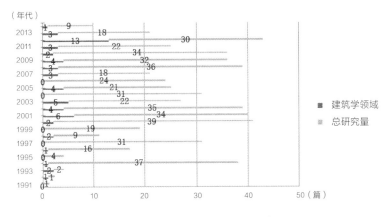

图 17 环境和人之间交互关系的相关研究论文发表数量的统计

数据来源：日本学术论文数据库 CiNii.

日本对于环境和人之间交互关系的学术研究始于 20 世纪 80 年代，日本庆应义塾大学教授古崎敬、东京女子大学教授古崎爱子以及名古屋大学教授辻敬一郎等心理学研究领域的学者，将吉布森的著作《视知觉生态论》翻译成日文并在 1985 年正式出版。《视知觉生态论》中的直接知觉理论和可供性概念都倡导在环境和人之间营造积极和适宜的"交互关系"。伴随心理学相关研究领域的发展，20 世纪 90 年代针对生态知觉理论中所阐述的环境和人之间交互关系的研究日趋细致，并且发表了大量研究论文及著作。代表人物为东京大学教授、生态心理学家佐佐木正人，他出版了《可供性——新的认知理论》《可供性和行为》以及《可供性的构想：知觉研究的生态心理》等认知心理学著作，系统地对生态心理学进行了论述，并且将可供性概念结合人的行为、心理及对环境的认知进行交互分析研究。在日本学术论文数据库 CiNii 内检索到的生态知觉理论体系下环境和人之间交互关系的相关研究论文共计 526 篇（论文发表时间为 1990 年至 2014 年 8 月），其中 58 篇学术论文出自佐佐木正人的生态心理学相关研究，占总研究量的 11%。分析得出，佐佐木正人在 20 世纪 90 年代初期对生态知觉理论的研究主要集中在基本理论的阐述，在 20 世纪 90 年代中后期的研究中将交互行为与环境的自然属性相联系，如从交互关系角度分析研究人对水和光的认知，从生态心理学角度分析人在环境中运动和行为发生的复杂性，用反表象主义来分析人脑与可供性的联系，以及在 1997 年发表的学术论文《超越光学的境界：试论视觉障碍的生态心理学》中将交互关系概念应用到视觉障碍者对光环境的认知上。2000 年以后，佐佐木正人对生态知觉理论的研究更加细致化，他通过具体事物（食材、日常用品、语言、街道尺度、生活环境和建筑等）来分析环境与人的行为多样性的交互关系。在 2004 年发表的学术论文《可供性与达尔文进化论的关联》中，佐佐木正人的研究更创新性地将生态知觉理论内交互关系的概念与达尔文的进化论相联系。

建筑学研究领域内关于环境和人之间交互关系的既往研究文献和资料，按照研究内容分类可以分为 5 个方向：①建筑空间尺度对群体行为的影响；②建筑公共空间与人的交流行为之间的交互关系；③人对建筑空间形态和设施配置的认知和体验；④城市公共空间和人的行为多样性的研究；⑤建筑和都市空间的视觉特性及交互关系分析。图 18 对建筑学领域内的交互关系相关研究对象分类和所占研究比率进行了量化统计。表 4 对相关研究内容、研究建筑类型、学者和研究机构、交叉研究领域以及主要研究成果进行了归纳总结。

数据显示，在建筑学领域内的相关研究数量较少，其中以老年人建筑为研究对象、结合生态知觉理论方向的研究占 7%，研究内容集中在通过对老年人居住实态的调查和相关行为、心理数据的采集与统计（老年人体能指标、QOL 构成因子和 ADL 构成因子），来分析老年人的知觉特性，量化老年人对现有居住环境的认知程度，探讨结合生态知觉理论来分析老年人建筑空间形态设计以及设施布置的交互关系，以此来提高老年人对建筑环境的认知能力。

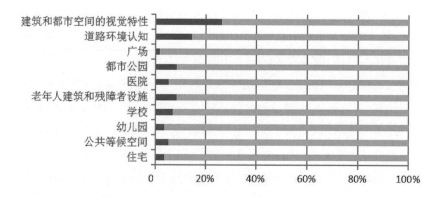

图 18 建筑学领域内的交互关系相关研究对象分类和占比
数据来源：日本学术论文数据库 CiNii.

表 4 建筑学领域内的交互关系相关研究内容分类和概要

研究方向	研究对象	研究内容综述	研究者	相关交叉研究领域	研究机构和大学	代表学术论文及发表年代	相关研究比率
①建筑空间尺度对群体行为的影响	住宅	通过对住宅内各空间尺度和居住实态的分析,研究在不同建筑尺度下的起居室和厨房等交流空间对居住者认知和行为的影响。侧重点在于通过居住实态的观察,分析人对不同尺度相同功能的建筑空间形态的心理认知程度的不同,而将人的认知程度和建筑空间的可供性相关联,从而寻求住宅内适宜的空间尺度和形态	西出和彦、高桥鹰志	认知心理学、环境行为学	东京大学	居住空间内的可供性应用研究,日本建筑学会学术会议论文集,1992 年 8 月;使用公共电话的等候距离可供性研究,日本建筑学会学术会议论文集,1990 年 10 月	4%
	公共等候空间	通过对公共电话等候空间内人与人之间距离的研究,分析不同尺度下可供性对于等候人认知和心理的影响。研究得出公共电话等候区域每列前者和后者之间 0.8m 的距离为人群适宜的公共电话等候尺度,而等候者之间的距离超过 1.5m 时,则无法对即将到来的人群产生排队等候的心理认知。以此为车站、商店等公共建筑的不同等候区域尺度的设计与人心理和认知的需求提供思考素材	西出和彦	环境行为学			5%

续表 4

研究方向	研究对象	研究内容综述	研究者	相关交叉研究领域	研究机构和大学	代表学术论文及发表年代	相关研究比率
②建筑公共空间与人的交流行为之间的交互关系	幼儿园	研究从观察幼儿园中儿童的游玩和不同年龄儿童的交流展开,对行为发生的幼儿园各建筑场所进行环境的可供性分析,研究在儿童游戏和交流中所在物理环境的潜在作用,找到建筑环境和儿童行为发生的触点,进而分析儿童对环境可供性的认知。对不同年龄儿童交流的不同行为发生场面进行环境可供性比较,并通过交流行为的多样性和复杂程度对可供性进行分类	高桥鹰志	环境行为学	东京大学	幼儿园空间环境与儿童的社会性获得关系研究,日本建筑学会学术会议论文集,2000 年 9 月	4%
③人对建筑空间形态和设施配置的认知和体验	老年人建筑、残障者设施及视觉障碍者的环境认知	日常生活中老年人随着年龄的增加,行动能力和认知能力也和实际预期产生差异,通过对老年人体能指标、QOL 构成因子(生活满足安定性、情绪安定乐观性、心理行动安定性、健康有用性等)、ADL 构成因子(认知的能动性、社会的自立性等)的分类及数据统计,来分析老年人对居住环境的认知程度,以及建筑环境可供性对老年人认知的影响	森一彦	环境行为学、认知工程学、保健科学	大阪市立大学	可供性与高龄女性知觉、行为与体力之间的关系研究,日本建筑学会学术会议论文集,2003 年 9 月;视觉障碍者使用盲杖与空间感知的关系研究,日本建筑学会建筑计划系论文集,2007 年 1 月	7%

研究方向	研究对象	研究内容综述	研究者	相关交叉研究领域	研究机构和大学	代表学术论文及发表年代	相关研究比率
③人对建筑空间形态和设施配置的认知和体验	医院	在患者更换医疗设施后，对新的医疗环境（医院等候大厅、药局、诊疗室、病房等）需要重新认知，通过对等候区域座位数量、停留人数、患者停留时间、占席数等数据的统计，分析医院空间规划特点和患者认知之间的关系	谷口原	认知心理学、建筑计划学	名古屋大学	医院门诊空间改造前后的环境认知研究，日本建筑学会建筑计划系论文集，1998年11月	5%
④城市公共空间和人的行为多样性的研究	都市公园	通过对公园内各场所中人的停滞时间、行为人的年龄及性别、住所、交通手段、同行人数、目的以及不同行为发生频率的观察和统计，结合各场所内活动设施的配置和特点，研究室外活动行为与所在物理环境和设施的可供性之间的联系。针对公园内座椅的数量、形态（柱形、箱型）和排放位置等物理要素的差异，结合人流通行量讨论环境可供性对人就座行为选择的多样性影响	大野隆造、田村昭弘	环境行为学	横滨国立大学、东京工业大学、神户大学	公园座椅选择行为与户外空间的可供性研究，日本建筑学会学术会议论文集，1998年9月；山下公园公共空间环境与行为的可供性研究，日本建筑学会学术会议论文集，1995年8月；楼梯踏步的可供性研究，日本建筑学会北海道支部研究论文集，2002年6月	9%
	广场	从城市广场的台阶尺度、梯段数量以及形态，结合周围建筑及景观要素以及人的行为（休憩、观演、饮食、等候、交谈、游戏、阅读等）对广场的台阶的可供性进行可量化分类，探究行为发生场所和空间要素的关系	奥俊信	配置计划、空间计划	北海道大学		2%

研究方向	研究对象	研究内容综述	研究者	相关交叉研究领域	研究机构和大学	代表学术论文及发表年代	相关研究比率
④城市公共空间和人的行为多样性的研究	道路环境认知	研究上下学道路环境和儿童游戏之间的关系，分析儿童活动力的改变和道路形态、活动设施种类对于儿童活动的可供性，强调儿童活动游戏行为的多样性及活力与道路环境可供性的交互关系	南博文	环境行为学、建筑计划学	九州大学人类环境学研究院	儿童放学后游戏行为与街边绿地环境的关系研究，日本建筑学会建筑计划系论文集，2003 年 12 月	15%
⑤建筑和都市空间的视觉特性及交互关系分析	都市空间，独立住宅，集合住宅，展览馆、美术馆等公共建筑空间	应用 Rhinoceros、Grasshopper 等参数化设计软件对研究对象的建筑或都市空间进行二维和三维可视分析，并且通过各指标（可视量、可视距离、可视体积、可视实体表面积、可视遮蔽体面积等）的量化统计，评价建筑和都市空间的视觉特性和人在建筑内的知觉体验。相关研究方法曾应用在藤本壮介设计的 House N、平田晃久设计的树屋本店、槙文彦设计的代官山集合住宅等建筑上	大竹大辉、门内辉行	参数化设计、建筑意匠	京都大学	城市空间 3D 可视分析与视觉特征的可供性研究，日本建筑学会学术会议论文集，2012 年	26%

三、我国相关理论研究

（一）理论著作研究

　　清华大学周燕珉教授及其科研团队一直致力于老年人住宅的相关研究，在清华大学建筑学院研究生教育中开展老年住宅相关研究课程，其 2008 年所著的《住宅精细化设计》一书，以一个专题的形式对老年住宅设计、后期室内装修以及日本老年住宅发展概况进行了探讨。2011 年，由周燕珉、程晓青所著的《老年住宅》一书根据老年人的生理特征，对住宅内卧室、起居室、厨房、卫生间等功能空间的适老化设计方法进行了系统的归纳。2012年，由周燕珉、周博、李斌教授合著的《家庭无障碍建设指南》一书，在已有养老建筑设计规范的基础上，图文并茂地对城市和农村地区的建筑室内外空间无障碍设计进行了细致论述，并且提供了翔实的设计方法和原则。2015年，周燕珉所著的《住宅精细化设计 II》一书，对住宅品质相关设计进行了专业探讨，并且对保障性住房、多代居住宅以及养老社区外环境等提出了适老化设计要点[20]。

（二）学术论文研究

在大量出版关于养老建筑的书籍的同时，许多高校的硕士、博士学位论文也开始涉及老年建筑的问题。在中国知网 CNKI 主页内输入关键词"老年人"，在建筑设计及其理论的专业领域内共检索到 2324 篇硕士、博士学位论文，对建筑学"老八校"建筑设计及其理论专业发表老年人相关硕士、博士学位论文数量进行了统计。国内学者也在各种学术期刊上以论文形式发表对老年建筑设计的相关研究，本书对 2000 年以后国内建筑学、城乡规划学主要学术期刊（包括《建筑学报》《建筑学报学术论文专刊》《世界建筑》《时代建筑》《新建筑》《建筑师》《规划师》《城市规划》）中所发表的老年人相关论文进行了收集、分类、统计（图 19）。

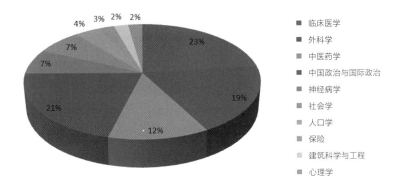

图 19 中国老年人研究相关研究领域学术论文发表占比

数据来源：中国知网 CNKI.

[20] 余涵 . 关于日本养老设施建设与发展的研究 [D]. 成都 : 西南交通大学 ,2013.

发表论文数量随年代推移的变化情况为：2010 年至 2015 年所发表的论文数量为 81 篇，大于前十年所发表的论文数量的总和。由此可见，对养老设施的研究已引起越来越多学者的关注。不同研究对象总数的排序情况中，排列在前三位的分别是老年住宅和老年人公寓、机构养老设施建筑单体设计、老年住区规划。其中对于单体建筑设计的研究要多于对设施规划的研究。研究对象随年代变化的情况为：2000 年至 2004 年，研究对象主要集中在对老年住区与住宅的研究；2005 年至 2009 年，研究对象扩展到机构养老设施和社区养老设施单体建筑的研究；2010 年以后，研究涉及的范围越来越广，规划类的论文数量明显增加。相关研究总体上呈现出由居家养老向机构养老、社区养老延伸，由单体建筑向设施规划延伸的趋势，其中与本书相关的主要研究内容包括机构养老设施的建筑单体设计方面的研究。

依据既往研究所阐述的内容和解决的问题，将学术论文归纳为理论型、设计型和案例型 3 个类别。本书属于设计型大类下的针对机构型养老建筑空间构成特征、老年人行为特征与对应的空间设计方法的研究，同时通过具体案例调研，结合老年人行为与内在需求特征，对该研究领域下的建筑空间环境和使用者之间交互关系层面的研究进行完善补充。

（三）我国交互关系研究领域的既往相关文献

通过对既有文献的收集调查，交互关系的相关研究和应用主要集中在计算机软件、工业通用技术和设备研究领域，在建筑学领域的研究仅占 3%。环境行为交互关系的研究著作包括：林玉莲、胡正凡在《环境心理学》中对学科内的基本概念及相关理论概念进行了系统介绍；邹广天教授的《建筑计划学》对环境行为调查方法及相关理论研究进行了系统归纳，提供了完善的行为学研究方法论。在建筑学领域内的学术论文研究包括：同济大学建筑与规划学院的李斌教授发表的《环境行为学的环境行为理论及其拓展》探讨了环境行为学与建筑学的关系，并分析了在学科使命和研究现状方面存在的问题；周成斌、邹广天的《择居行为模型的层次分析法解析》对人们的择居行为进行研究，从而开发出适应多样化居住需求的住宅。关于交互关系结合设计的相关研究方向：国内较早的著作是李乐山教授的《人机界面设计》及《工业设计心理学》，当中提到了一些基于用户调研、用户模型、用户心理及交互性测试的设计方法；柳沙在《设计心理学》中对于设计过程的感知与认知、用户情感与设计思维进行了全面的研究，指出设计心理学的研究重点应是提升产品的交互性和用户的情感体验；李四达先生的《交互设计概论》重点介绍了用户模型、用户体验、UI 设计以及交互设计的历史、观念和美学等概念，全面论述了交互设计的理论、概念、方法、历史和未来发展趋势[21]。目前国内相关研究成果的主要关注点在交互行为、用户体验与人机间有效沟通的数字产品设计领域，建筑设计研究方面主要还是集中于研究建筑与媒介的关系、多媒体技术在建筑中的应用，以及关于参数化、非线性和数字图解等方面的探讨。对 2000 年至 2015 年发表的交互设计相关研究论文数量进行数据统计，其中交互设计结合老年人相关研究始于 2003 年，论文研究内容主要是针对轮椅等老年人产品方面的交互设计研究。2003 年，武汉理工大学刘杰成的硕士论文《室内空间设计中人性化、智能化、生态化的交互研究》以室内空间设计为目标，从人性化、智能化、生态化 3 个方面分别阐述了其理论基础、内涵、设计要求，是将交互关系概念运用在建筑空间设计中较早的研究应用，但研究内容未结合人的行为和心理特征，对室内空间设计的研究依旧停留在单向设计手法和技术研究层面。2011 年，湖北工业大学喻欣的硕士论文《交互设计理念在老年公寓环境设计中的运用》是交互设计在养老建筑空间设计内的较早研究应用，文中通过对武汉两座老年公寓的实地调研，分析老年公寓中老年人的一系列特征和交互行为需求，对如何创造交互性更强的老年公寓环境提出了一系列设计建议和改造建议。该研究仅讨论了交互关系作用过程中空间环境对老年人行为的直接影响，在老年人的内在需求驱使外在行为对环境的反作用这一方面缺乏交叉分析，即老年人行为领域与空间环境的交互关系分析，对老年人行为和空间的交互关系分析也缺乏深入的行为数据采集。

四、既有研究总结

（一）国外既有研究总结

在欧美国家老年人养老居住研究方面，结合交互关系的研究集中在老年人生活辅助器械、数字化医疗居养系统和智能化多媒体产品的研发方面，相关研究虽然在机构型养老建筑设计方面得到开展和应用，但研究内容主要针

[21] 白洁 . "交互决定论"与青少年道德意识环境的构建 . 浙江教育科学 [J].2017.

对局部空间内的辅助交互设计、无障碍设施设计或老年人监护管理系统设计等。相关既往研究并未从建筑空间设计角度提出具体的机构型养老建筑空间交互设计方法。行为学研究方面，结合机构型养老建筑空间设计及老年人居住养老领域的研究主要集中在建筑空间环境对老年人行为的引发影响阶段。相关研究通常结合深入的实地调查，采集系统完整的老年人行为及心理数据，作为研究及设计的依据。日本老年人养老居住研究方面，结合交互关系相关理论的研究集中在老年人对所处空间环境的认知、心理知觉、视知觉特征分析，以及人体工程学研究等方面，主要针对建筑局部空间环境内的细部设计，缺乏对机构型养老建筑空间设计的整体性综合考量。

（二）我国既有研究总结

我国对于交互关系结合设计的相关研究仍大多停留在宏观的概念与想法的提出阶段，缺乏具备设计创新价值的方法论研究。其中，在交互关系相关理论结合养老建筑空间设计的既有研究这一方面，从交互设计入手所展开的对老年人的相关研究，仅仅停留在电子产品和医疗器械方面的研发，在阐述建筑设施状况时多停留于数据表面，而且所占研究比重较少，研究方法的运用也相对单一、缺乏交叉性。这样就导致了研究成果的科学性、技术指标、参考价值的下降。国内建筑学专业博士研究生论文的内容，还尚未涉及机构型养老建筑空间和交互设计相结合的相关研究。尤其是从老年人行为、心理需求出发，运用生态心理学的研究方法，对机构型养老建筑内的老年人居住环境和生活行为之间交互关系的系统调查研究尚属空白，因此有必要从这一角度进行深入探讨与研究。

（三）本书的研究观点

本书课题属于机构型养老建筑空间设计型研究大类，是以老年人行为与心理需求调查为依据的建筑空间交互设计策略研究。如何在建筑空间环境和空间使用者之间营造良好的交互关系，是机构型养老建筑空间设计的核心，这正是本书的创新之处和切入点。相关理论研究对既往研究领域的完善补充，主要体现在交互关系的调查研究不应该局限于分析建筑空间环境对老年人外在生活行为状态的引发影响阶段（即老年人动态行为活动与静态行为活动特征分析），而应该同时考虑老年人内在需求驱使外在行为对空间环境的反馈影响（即满足老年人私密性及交往心理需求的个体行为领域与群簇行为领域的形成特征分析）。两方面交叉分析实现对交互关系作用过程的解析，在此研究基础上提出具有动态关联性、系统整体性的空间行为双向交互设计策略，来指导机构型养老建筑空间设计。

第三章

养老建筑交互设计对象

在完成空间与行为交互关系相关理论研究与概念界定的基础上，本章对交互关系的构成要素之一"交互对象"进行分析。机构型养老建筑内的交互对象类型包括交互客体对象（建筑空间）与交互主体对象（老年人），本书通过实地调研归纳总结出交互客体对象（建筑空间）的功能组织与属性划分、空间构成类型及其特征，同时，通过对实地访谈和问卷调查资料的数据整理，归纳总结出实地调研案例内的交互主体对象（老年人）的基本属性、类型及其特征。

第一节 养老建筑案例调研

一、交互客体对象（建筑空间）的实地调研概要

首先对交互客体对象（建筑空间）的基本现状进行实地调研，在确定研究对象为机构型养老建筑的前提下，自2009年10月开始，陆续对国内外共计32所养老机构开展实地调研。大连市的11所机构型养老建筑的调研范围，主要包括大连市及其周边地区旅顺口区、金州区等。在前期相关文献整理研究的基础上，2010年又确定了沈阳市3所机构型养老建筑为研究对象（表5），并于2013年10月至2014年10月对日本东京、新潟、神户、福冈等地区的15所机构型养老建筑进行了实地考察与调研。2014年12月对北京市昌平区、海淀区、朝阳区的3所机构型养老建筑开展实地调研，通过调研中实际的接触与感受，真正进入老年人养老生活的氛围中，真实地观察、了解老年人各种行为以及对于空间的需求及使用情况，为本书的研究提供了珍贵的第一手资料。大连市作为国内较早步入人口老龄化的北方城市，据相关统计，其机构型养老建筑的数量位于全国之首。在地理位置方面，新潟市作为日本的北

方城市与中国的北方城市大连对应，北京市和东京市均为国际化一线城市。因此，调研案例的选取具有一定的研究价值和代表性。

表 5 调研对象汇总表

地区	件数	时间	编号
大连市	11 件	2009 年 10 月 11 日	DL01 大连市旅顺口区社会福利院
		2009 年 10 月 23 日	DL02 大连市金州区社会福利院
		2009 年 11 月 20 日	DL03 大连金海老年公寓
		2010 年 3 月 20 日	DL04 大连阳光老年公寓
		2010 年 3 月 22 日	DL05 大连美达养老院
		2010 年 5 月 27 日	DL06 大连红岩养老院
		2010 年 5 月 27 日	DL07 大连白云养老院
		2010 年 6 月 20 日	DL08 大连经济开发区阳光家园老年人之家
		2010 年 6 月 22 日	DL09 大连市西岗区老年服务中心
		2010 年 6 月 27 日	DL10 大连开发区社会福利院
		2011 年 3 月 15 日	DL11 大连慈善颐老院
沈阳市	3 件	2010 年 4 月 24 日	SY01 沈阳市铁西区老年公寓
		2010 年 4 月 25 日	SY02 沈阳市皇姑区社会福利院
		2010 年 4 月 26 日	SY03 沈阳市幸福老年公寓
北京市	3 件	2015 年 2 月 3 日	BJ01 千禾老年公寓
		2015 年 2 月 4 日	BJ02 礼爱老年护理中心
		2015 年 2 月 5 日	BJ03 寸草春晖养老院
日本	15 件	2014 年 5 月 12 日	JP01 白鸟的故乡特别养护老年人之家
		2014 年 5 月 18 日	JP02 樱花园特别养护老年人之家
		2014 年 1 月 15 日	JP03 丰荣市老年人服务中心
		2013 年 12 月 15 日	JP04 本多闻养老院
		2014 年 6 月 7 日	JP05 樱花园广场幸福居住养老院
		2014 年 7 月 5 日	JP06 阳光和希望的庭院养老院
		2014 年 7 月 7 日	JP07 花园养老院
		2014 年 7 月 10 日	JP08 向阳养老院
		2014 年 8 月 2 日	JP09 悠乐园
		2014 年 8 月 5 日	JP10 樱花养老院
		2014 年 8 月 8 日	JP11 清爽的特别养护老年人之家
		2014 年 10 月 8 日	JP12 库拉拉用贺养老院
		2014 年 10 月 8 日	JP13 阿里阿深沢养老院
		2014 年 10 月 8 日	JP14 阿莉亚格兰达濑田养老院
		2013 年 12 月 3 日	JP15 垂水区适合老年人的专用租赁设施

二、实地调查机构型养老建筑的使用状况

在大连市、沈阳市、北京市相关民政部门的支持下，日本新潟大学工学部以及相关养老福祉机构的协助下，对国内外 32 所养老建筑开展实地调研。调研过程中，通过建筑实地测绘、访谈等形式对建筑平面图、建筑面积、结构形式、建造年代、入住者人数、护工人数、床位数等建筑基础资料进行了数据采集，依据实地调研资料的整理，了解了这些养老建筑的基本情况。调研养老建筑的概况、建筑平面图和现场照片，对国内和日本实地调研养老建筑的入住率、老年人和护理人员的看护比、老年人均建筑面积，以及建筑使用周期进行数据统计。通过比较分析可以看出，日本调研案例养老建筑的入住率明显高于国内调研案例。从看护比的计算统计中可以得出，日本调研案例内的护理人员人数大于国内调研案例，入住老年人基本可以得到一对一的护理照料。日本调研案例内，入住老年人的人均建筑面积约为国内调研案例的两倍，实地调研建筑的使用周期均在 10 年以上。本书将选取上述实地调研案例内的代表案例，对建筑空间与老年人行为之间的交互关系展开深入分析。

一、建筑空间的功能组织分析

在完成对调研案例建筑基本信息的归纳总结后，需要从建筑客体空间层面对机构型养老建筑的空间功能组织、空间属性、空间构成类型及特征进行分析。结合实地调研资料，首先对机构型养老建筑的空间功能组织进行分析。明确的建筑空间功能组织，能够使老年人更容易地认知空间所要传达的含义，了解在什么样的空间范围内会有什么样的行为形成，从而根据自己的需求去选择和安排自己的行为活动，使生活更具有规律性，能更快地融入所处环境中。结合机构型养老建筑内入住老年人日常生活和空间功能的关系，将实地调研案例的建筑空间功能组织划分为老年人生活居住部分、共用设施部分、管理部分以及养护服务部分 4 个层次。

二、建筑空间的属性划分与特征

机构型养老建筑空间以老年人对空间的亲密度或领域化为标准进行属性划分，将建筑空间分为私密空间（P 空间）、半私密空间（S-P 空间）、半公共空间（S-PU 空间）以及公共空间（PU 空间）这 4 种属性类型。实地调研机构型养老建筑内不同属性空间的实景拍摄，进而对 4 种属性空间的特征进行分析归纳。

（一）私密空间（P 空间）

机构型养老建筑内的 P 空间主要是老年人的居室空间，主要的使用者是老年人个体，P 空间是满足老年人最私密的基本生活行为的空间。P 空间内也存在老年人的交往，交往对象是与老年人亲密的人（亲友），发生的交往行为都属于深层交往。P 空间还包括卫生间、洗浴空间、理疗空间等对老年人私密性保护要求最高的空间场所（图 20）。

图 20 私密空间

（二）半私密空间（S-P 空间）

　　机构型养老建筑内的 S-P 空间多为私密空间与公共空间之间的过渡空间。不同属性空间的光、热、声音存在差异，所以老年人需要这样一个过渡空间来适应。同时，行动不便的老年人对于那些对身体素质要求比较高的活动区域会感到不自信，S-P 空间的设计为老年人观看他人活动并准备出去参与提供了准备空间。老年人之间的小范围交往通常也发生在 S-P 空间内，S-P 空间的服务对象为居住在同一生活单元内的老年人（图 21）。

图 21 半私密空间

（三）半公共空间（S-PU空间）

机构型养老建筑内的S-PU空间多为满足老年人日常活动需求且具有一定私密性的小型公共空间，例如老年人活动室、棋牌室、共同生活空间等。S-PU空间的服务对象较明确，即用来满足机构型养老建筑内入住老年人之间交往活动需求所使用的空间，老年人自发组织的活动也通常选择在S-PU空间内进行。通常情况下S-PU空间的服务对象为入住老年人、管理人员与服务人员，不为养老机构之外的人群提供服务（图22）。

图22 半公共空间

（四）公共空间（PU空间）

　　机构型养老建筑内的PU空间包括门厅空间、廊下空间、电梯前的等候空间，以及室外公共阳台空间等。PU空间有时也成为老年人锻炼身体的场所，例如通过廊下空间设计形成空间回路，满足老年人的步行训练需求。调研发现在PU空间内通过桌椅、书架等环境要素的摆放围合会形成局部的S-PU空间。PU空间的服务对象包括入住老年人、管理人员、服务人员，以及外来参观者（图23）。

图23 公共空间

三、建筑空间的构成类型与特征

通过对实地调研案例建筑空间构成形式的整理和分析，结合机构型养老建筑空间的朝向、构成形式、交往空间的位置以及虚空间的形成等方面，将交互客体对象（建筑空间）的构成类型划分为基本型、手钥型、马蹄型、围合型、放射型、涡型这6种空间连接构成形态。建筑是由一组功能各异但又相互联系的单元空间构成的，它们之间存在着一种连接构成关系，这种构成模式实际上探讨的是空间的连接构成形态，简称"构成形态"，即整个系统层面上各个单元空间的均衡性以及它们之间的内在交互关系。每个空间都影响与被影响着与之相关的所有空间，在空间研究设计中找寻空间组织构成的规律，发掘不同类型的机构型养老建筑空间构成形态，通过对不同空间形态要素的分析与对比，能够更加清晰地辨别其所属的类型，并明确其类型的典型要素特征。该部分内容作为研究基础，将结合老年人行为特征，对交互关系展开深入分析。

从对机构型养老建筑空间构成类型实地调研的分析中可以得出：国内机构型养老建筑出于老人居室南向布局的需要多采用基本型、手钥型和马蹄型空间构成形态；日本机构型养老建筑的空间构成类型以围合型和基本型居多，多采用围绕中庭的组团式空间布局，且存在生活单元空间组团明晰、小规模多功能化、共享生活空间分散式设计、公共活动空间开放式设计等空间特征。

本书对中日实地调研案例内交互客体对象（建筑空间）构成类型与特征的差异性进行了总结。虽然中日调研案例内入住老年人的身体健康状况存在差异性，但伴随老年人年龄的增长，国内调研案例内的自理型老年人也逐渐向介护型老年人转变，对应的空间设计需求也发生变化，因此日本调研案例针对介护型老年人的空间设计经验值得研究与借鉴。

（一）水平空间维次配置特征和构成形态的类型化

1. 基本型平面的空间配置和构成形态特征

建筑通常为南北朝向，老年人卧室以集中式布局被安排在南向。通过内廊或者外廊以直线型空间特征连接介护单元和老年人生活单元，这种养老建

筑的构成形态也成为其他类型空间配置的基本型。线型养老建筑水平维次内
"场"的位置，通常在建筑平面的轴线中心处和建筑的端部，"场"内通常
是人流动线的交会处（图24）。

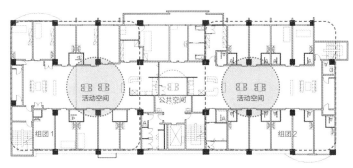

图24 基本型平面

2. 手钥型平面的空间配置和构成形态特征

手钥型又可细分为内侧手钥型和外侧手钥型两个子类型，其建筑平面构
成形态随着钥口向性的不同而发生异向变化。以外侧手钥型平面为例，其构
成形态在水平维次配置中存在东和西两个子维次（即次级维次）的向性。手
钥型养老建筑平面是由东西和南北两个维次的基本型的生活单元和介护单元
垂直构成形成。手钥型养老建筑水平维次内"场"的位置位于垂直构成的两
个基本型的交点处，也就是两个基本型的反向端部的集合。这里是养老建筑
内动线的交会处，也是建筑空间配置的重要节点，通常设计成手钥型养老建
筑的主入口。此类养老建筑平面的钥口，随着建筑实体的构成形态自然形成
围合的虚空间，通常设计成庭院、老年人室外机能康复训练庭、建筑公共休
闲空间和停车场（图25）。

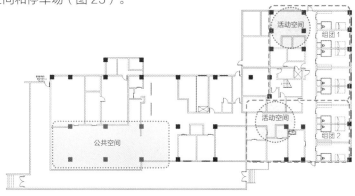

图25 手钥型平面

3. 马蹄型平面的空间配置和构成形态特征

建筑平面构成形态随着马蹄型凹口向性的不同而发生异向变化，平面构成形态在水平维次配置中具有 3 个子级维次的向性。在对实地调查案例的分析中发现，此种构成形态的养老建筑凹口朝向多为北向、西向和东向，而南向凹口较少。马蹄型养老建筑平面的生活单元和介护单元是由基本型和手钥型两种类型构成，围合型建筑的部分配置分离出建筑主体也可以构成马蹄型。马蹄型养老建筑水平维次内"场"的位置通常位于建筑平面的转折处或者对称轴线的中心位置，三面建筑实体空间的围合形成马蹄型养老建筑的虚空间。通过对调研案例的整理总结发现，马蹄型养老建筑的虚空间通常被设计成配有精致的植被景观的内部庭院，相比手钥型的虚空间，马蹄型养老建筑的虚空间的围合度更高（图 26 ）。

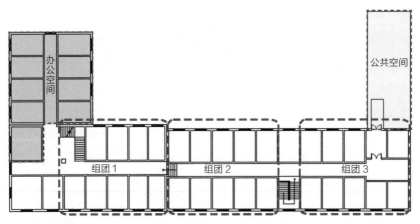

图 26 马蹄型平面

4. 围合型平面的空间配置和构成形态特征

养老建筑平面的围合型构成又可以细分成口字围合型和三角形围合型两种构成形态。其中，口字围合型构成形态在向性上具有全方位性（东西南北），而三角形围合型构成形态具有 3 个子级维次的向性。围合型养老建筑的空间配置由基本型、手钥型和马蹄型 3 种构成形态的生活单元和介护单元组合构成。围合型养老建筑水平维次内"场"的位置在基本型、手钥型和马蹄型的单元构成节点处，或者是围合型的四角和围合壁的中心。围合型养老建筑围合的四壁构成建筑的中庭，形成自然垂拔空间，辅助老年人生活空间的通风和采光，也是生活空间的缓冲区域，封闭性较好，从而确保对外部噪声和视线的隔断（图 27）。

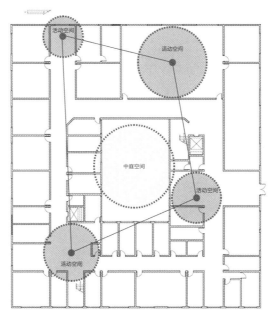

图 27 围合型平面

5. 放射型平面的空间配置和构成形态特征

　　养老建筑平面的放射型又可以称作扇型，其构成形态具有自由向性的特点，从而确保每个生活单元和介护单元具有良好的采光和通风。放射型养老建筑的生活单元和介护单元围绕向心点（通常是"场"的所在）自由组合构成放射性平面。放射型养老建筑水平维次内"场"的位置在生活单元和介护单元组合而成的向心点处，成为养老建筑的公共空间。放射型的向心点及其周围连接区域成为该类构成形态的虚空间，由于放射型生活单元和介护单元彼此之间在空间上的独立配置关系，使得每一栋建筑单元都能共享虚空间形成的院落，院落的空间形态也较自由（图28）。

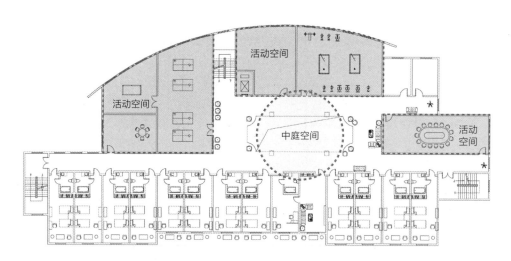

图 28 放射型平面

6. 涡型平面的空间配置和构成形态特征

与放射型相似，养老建筑平面的涡型构成形态具有自由向性的特点，同时，涡型构成形态在水平维次上还存在一种逆向性关系，所以涡型也是放射型构成的自然态。涡型养老建筑的生活单元和介护单元的组合和构成更加自由，建筑可以根据基地的现状生成自然构成状态。涡型养老建筑水平维次内"场"的位置在涡心处，同时在生活单元和介护单元组成的个别独立单元处形成次级"场"，这里通常设计成建筑的出入口。涡型的涡点及其周围连接区域成为该类构成形态的虚空间，由于涡型构成形态在水平维次内空间的自然配次特征，使其虚空间也呈自然形成之态，虚空间和建筑实体的关系也趋于自然构成状态。

（二）空间构成形态对老年人视野和声音传递方式的影响

1. 建筑内部老年人生活空间

根据老年人生理特征和步行时上下方向视野的不同，利用轮椅代步行走时的视线较低，相关研究数据统计老年人的视野仰角为15°左右，乘坐轮椅的老年人的视野仰角为15°～20°，因此在组织养老建筑内部空间的垂直维次构成形态时，应该充分考虑老年人水平下方视域较宽广以及视野、视识性和声音的传递等因素，以生成智能化的建筑空间。

2. 垂拔空间

养老建筑内部垂拔空间及其相邻空间多为老年人的聚集交流场所，设计时应该充分考虑上下层空间的构成关系，方便建筑各层之间老年人的交流，包括老年人观察其他老年人的行为、老年人交流时声音的传递等。

一、老年人的基本属性

（一）老年人基本生理特征

老年人伴随着年纪的增长，其生理机能会产生各种变化。老年人身体会出现下颚前倾、颈部前屈、肩关节弯曲内转、身体躯干前屈、肘部弯曲、股弯曲、手部关节弯曲、指关节收缩、膝盖弯曲等生理变化。老年人在胫骨、脊椎和大腿骨处易发生骨折。老年人伴随着年纪的增长，会出现一系列的视觉障碍。老年人的视觉障碍一般分为 3 种，即球心狭窄、中心暗点和半盲。球心狭窄会导致老年人看物体时只能对其中心部分进行识别，周围均模糊不清；中心暗点是指老年人会对所见之物的中心部分无法识别；半盲则是由于老年人脑血管疾病产生的视觉障碍，看物体时只能识别其一半的部分。

（二）老年人知觉特征

知觉体验是人感受外界环境的过程，人的知觉是由视觉、听觉、嗅觉、触觉和味觉等多种感觉综合而成的。根据有关研究，由感觉获得的知觉按下述比例发生：视觉占 78%，听觉占 13%，嗅觉占 3%，触觉占 3%，味觉占 3%。通过视觉，在 70 ~ 100 m 远处，就可以比较有把握地确认一个人的性别、大概年龄等。由此可见，视觉在人的知觉体验中影响最大，它是建筑空间能被人所感知的主要联系途径。因此，针对人的视觉系统构成特点和规律的前期研究必不可少。

知觉体验的能力是人生活和交往的基础，这方面的年老性变化对老年人的行为和心理影响很大。视力、听力的明显减退可以使老年人与周围环境隔离开来，除了造成实际的生活困难外，还会引起像抑郁、孤独、疑虑等这类复杂的心理反应。视觉在人的知觉体验中占比为 78%，约 80% 的外界信息是通过视觉得到的，因此视觉对老年人的行为、交往和养老生活影响最大。人步入老年后视觉衰弱明显，具体视觉特征为：视网膜功能衰弱、水晶体硬化和透光能力减弱、瞳孔变小、对比灵敏度下降、对眩光的敏感度减弱、视野缩小以及景深感觉减弱、眼睛病变等。

二、老年人的空间利用实态

　　调研案例 JP02 共计 5 层（图 29），建筑一层为医疗区、机能康复训练区、日间护理照料空间以及职员办公空间，二层至五层是老年人主要的居住生活空间。建筑空间构成类型属于围合型空间构成形态，空间布局采用小规模单元组团式，每个生活单元具有独立的公共交往空间，生活单元之间设置有辅助服务空间和护工休息空间，走廊采用环形的循环空间，既满足老年人在建筑内的散步需求，又缩短了护工的动线，提高看护效率。建筑内部装修采用亲近自然的柔和色调，为老年人营造出家庭的温馨氛围。调研案例 JP05 共计 6 层（图 30），建筑空间构成类型属于基本型空间构成形态，建筑一层东侧为接待空间、职员办公空间和厨房空间，西侧空间设计成幼儿园，满足老年人期待和儿童日常接触的心理需求，建筑二层至六层为老年人的居住生活空间。单层建筑平面布局采用东西对称单元组团设计，垂直交通单元和医疗介护单元布置在建筑中部，满足东、西侧生活单元的功能使用需求。建筑四层东侧生活单元内入住者类型为失智老年人，生活单元入口处采用门禁系统，防止失智老年人走失，保证老年人的生活安全。调研案例 JP07 共计 3 层（图 31），建筑空间构成类型属于马蹄型空间构成形态，每层建筑空间由 3 个组团单元空间围绕中庭空间布置，包括两个老年人生活单元和一个介护医疗单元。其中机能康复、医疗空间单独形成独立的护理单元，老年人需要在护工的照料下在护理单元空间内集中进行机能训练等介护医疗相关活动。空间构成形态帮助老年人走出各自的生活单元，进行更大范围内的交往活动。调研案例 JP08 共计 2 层（图 32），建筑空间构成类型属于手钥型空间构成形态，空间整体围绕两个中庭东西向布置。建筑一层平面由东、西两个老年人生活单元和西北侧的介护医疗单元构成，建筑二层平面由中部的垂直交通单元连接东西两侧的老年人生活单元构成，北侧配备公共浴室空间、公共洗衣间等附属空间。

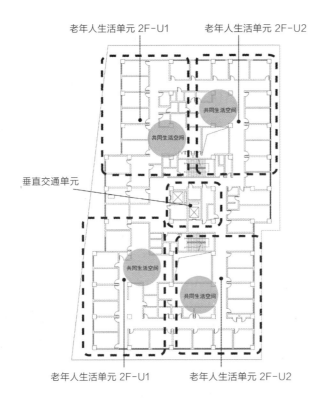

老年人生活单元 2F-U1　　　老年人生活单元 2F-U2

共同生活空间

共同生活空间

垂直交通单元

共同生活空间

共同生活空间

老年人生活单元 2F-U1　　　老年人生活单元 2F-U2

图 29 调研案例 JP02

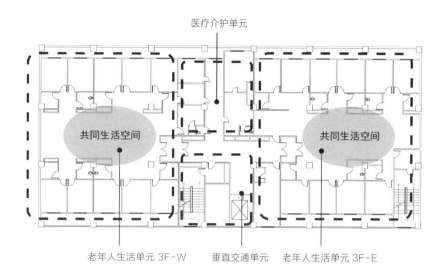

医疗介护单元

共同生活空间   共同生活空间

老年人生活单元 3F-W   垂直交通单元   老年人生活单元 3F-E

图 30 调研案例 JP05

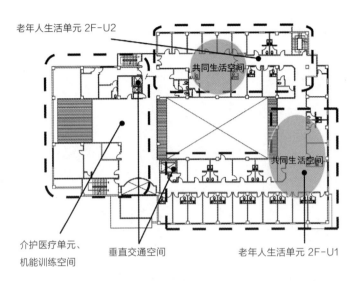

老年人生活单元 2F-U2

共同生活空间

共同生活空间

介护医疗单元、
机能训练空间

垂直交通空间

老年人生活单元 2F-U1

图 31 调研案例 JP07

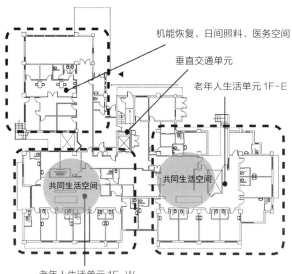

机能恢复、日间照料、医务空间

垂直交通单元

老年人生活单元 1F-E

共同生活空间

共同生活空间

老年人生活单元 1F-W

图 32 调研案例 JP08

将等边三角形的 3 个顶点分别指向机构型养老建筑内的卧室空间、共同生活空间和其他公共空间，三角形内任意一点对应 3 条边的数据为老年人在各空间内的利用频率。在此基础上，以各空间利用率 60% 为节点分析调研案例内入住老年人对建筑空间的利用实态。调查发现，老年人更多选择的停留空间为卧室和卧室组团形成的共同生活空间。对老年人在养老建筑内各空间的利用频率进行数据统计，从养老建筑整体层面分析得出，案例 JP02、案例 JP05、案例 JP07、案例 JP08 内入住的老年人，在一天内的大部分时间，均选择在所处建筑的单元型生活空间内度过，老年人对组团单元外的公共空间的利用频率远低于组团单元内空间。其中案例 JP02 内的老年人对卧室空间的利用率最高（图 33）。

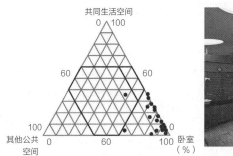 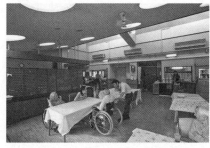

图 33 调研案例 JP02 内交互主体对象（老年人）对建筑空间的利用频率统计

老年人在规定的集体就餐和机能训练时间内，才会选择利用卧室外的共同生活空间。行为观察显示，建筑层内的大部分老年人基本停留在自己的卧室内，其中偶有老年人在廊下空间和生活单元入口玄关处停留。案例 JP05 和案例 JP08 内的老年人对空间的利用呈两极化，但其行为活动都集中在卧室空间或者共同生活空间内，部分老年人对卧室空间和共同生活空间的利用频率相差不多。案例 JP07 内的老年人对空间的利用多元化，由于该机构型养老建筑的机能康复训练空间和公共浴室空间设置在老年人生活单元之外，因此受到建筑平面布局和设施内集体机能训练活动安排时间的影响，部分老年人对其生活单元空间之外的公共空间的利用率增加。

三、老年人的类型及其特征分析

根据机构型养老建筑内老年人对各空间利用实态的调查分析，可以将实地调研案例内入住老年人的类型进行划分，包括自立型、封闭群体型、开放群体型、室外活动型和封闭型。同时，根据调研数据统计出各类型老年人在4所调研案例内所占的人数，结合老年人对空间利用实态的调查，归纳总结出各类型老年人在机构型养老建筑空间内的生活特征。

（一）自立型老年人

通过对调研案例内自立型老年人的生活实态的观察发现，自立型老年人出于兴趣爱好和生活习惯，喜欢在自己的卧室内接待亲友和其他老年人，因此一天内在卧室度过的时间较长，在卧室外的老年人共同生活空间内的会话交流较少。老年人的自立性较强，会积极参加护工组织的机能康复训练等公共活动。在各类型老年人中，自立型老年人对机构型养老建筑内的私密空间属性的场所利用频率相对较高。

（二）封闭群体型老年人

通过对调研案例内封闭群体型老年人的生活实态的观察发现，封闭群体型老年人倾向于和卧室周边相同出生地或在入住前的生活地相同的老年人之间产生交流。彼此之间在卧室空间内、卧室外的老年人公共生活空间内的交往行为发生频繁，构成公共生活的群体型行为，但形成公共群体的老年人均具有例如相同出生地等的某种共性，所以其他老年人进入该群体生活较困难。在各类型老年人中，封闭群体型老年人对机构型养老建筑内的半私密空间属性的场所的使用频率相对较高。

（三）开放群体型老年人

通过对调研案例内开放群体型老年人的生活实态的观察发现，开放群体型老年人在卧室外共同生活空间内度过的时间最长，他们频繁来往于卧室和公共空间之间。开放群体型老年人之间不存在相同出生地等客观因素，自然形成的交往群体方便老年人群自由地加入。在各类型老年人中，开放群体型老年人对共同生活空间、开敞式烹饪空间、就餐空间、谈话空间等半公共空间属性的场所使用频率相对较高。

（四）室外活动型老年人

通过对调研案例内室外活动型老年人的生活实态的观察发现，室外活动型老年人在卧室外的交往行为较频繁，在机构型养老建筑内的廊下空间的活动较多，室外活动型老年人与护工、其他入住者之间的交流行为也发生在廊下空间内。室外活动型老年人会在电梯前的中庭周围空间内停留，同时发生交往活动。室外活动型老年人会结伴外出锻炼和散步，在卧室内的停留时间相对较少。在各类型老年人中，室外活动型老年人对空间交往性的要求最高。

（五）封闭型老年人

通过对调研案例内封闭型老年人的生活实态的观察发现，封闭型老年人习惯独自在卧室内度过一天中的大部分时间。除了设施内的集体活动外，封闭型老年人会尽量避免与其他老年人和护工的交流。封闭型老年人与自立型老年人均喜欢在卧室内度过一天中最多的时间，但两者的区别在于卧室空间内是否有他人参与促使交流行为的发生。自立型老年人在卧室内的行为活动会有亲属或其他入住老年人的参与，封闭型老年人则对卧室内的交往活动相对较排斥。在各类型老年人中，封闭型老年人对空间私密性的要求最高。

通过访谈及问卷调查发现，国内实地调研案例内入住老年人的健康程度相对较好的，多为自理型老年人，日本调研案例内多为需要介护的老年人或存在认知障碍的老年人。实地调研发现，老年人的健康程度影响上述5种类型老年人在机构型养老建筑内的构成比率（图34），结合本章对交互客体对象（建筑空间）属性及构成形态的特征分析，可以得出：

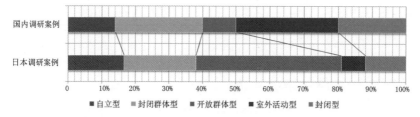

图34 中日实地调研案例内交互主体对象（老年人）类型的构成比率差异

首先，国内调研案例内的老年人公共活动空间多采用封闭式设计，空间功能划分限制了老年人在空间内的活动自主性，减少了老年人群之间的交流互动。老年人之间的自主交往活动多选择在私密性较高的空间内进行，由此形成的封闭群体型老年人构成比率相对较高。由于国内机构型养老建筑内入住老年人多为生活可自理的健康老年人，在建筑室内活动空间不能满足老年人的交往及活动需求时，老年人多选择外出室外活动，由此形成的室外活动型老年人构成比率相对较高，表现为开放群体型老年人向室外活动型老年人与封闭群体型老年人转化。由于国内调研案例卧室组团单元内没有独立的共享空间，或者老年人活动空间采用集中式封闭设计，使得活动空间内不同类型老年人的行为活动产生干扰，公共空间的利用率降低，由此产生的自立型老年人与封闭型老年人构成比率提高。建议借鉴日本调研案例内的设计经验，在各组团单元内分散设计开放式共享空间，同时通过洄游动线设计保持各活动空间之间的联系。

其次，日本调研案例内的组团单元设计有独立的开放式老年人活动空间，有效避免了组团单元之间入住者的彼此干扰。公共空间的分散布置有效提高了空间使用频率，由此引发老年人之间的交流活动频率提高，开放群体型老年人构成比率相对较高。同时，由于日本机构型养老建筑内入住者为介护型老年人，老年人外出需要护理人员或家人陪同，受健康因素影响，室外活动型老年人构成比率相对较低。建议设计上采用与室内空间分而不离的室外活动空间、中庭空间或花卉植物种植区，同时保证护工视线对老年人活动的安全可见控制，有助于老年人接触室外自然环境，有效改善老年人的健康状况。

第四章

养老建筑交互设计过程

第一节 建筑空间对老年人行为活动的影响

在对机构型养老建筑内交互对象特征分析的基础上，结合实地调研对空间与行为交互关系的构成要素"交互过程"展开分析。交互过程的引发阶段表现为交互客体对象（建筑空间）对交互主体对象（老年人）行为活动的引发影响，结合生态心理学中的相关理论，通过对实地调研案例内老年人生活实态的调查、行为动线的观察、现场的拍摄记录、空间利用状况的调查，分析机构型养老建筑空间构成属性、空间构成形态与环境要素引发影响下的入住老年人行为活动实态，归纳总结交互过程引发阶段内的老年人动态行为活动与静态行为活动的特征。

交互过程的引发阶段，即空间对行为的引发影响阶段，反映出客体建筑空间对主体老年人行为活动[22]的引发影响。由于空间对行为的引发影响过程较为抽象，本节利用老年人行为活动的形成特征分析，对空间引发影响行为的抽象过程进行具象化描述。具体表现为交互主体对象（老年人）的行为在交互客体对象（建筑空间）的引发影响下产生不同属性、不同类型的老年人行为活动。生态心理学相关研究表明，机构型养老建筑空间的物理环境属性和不同属性空间之间的组合比例、构成形式，引发影响老年人建筑空间的选择性、行为发生的场所和日常生活行为的开展。空间对行为的引发影响结果，最终表现为行为活动的类型化与模式化。机构型养老建筑内，老年人在空间中的行为活动受到空间的规范，不同的老年人在不同功能空间中会发生不同的行为活动。空间环境对行为活动的发生与进行具有启发性、限制性和认同性，行为看似随机，但是通过分析、总结却能发现其中潜在的规律性，

[22] 白洁．"交互决定论"与青少年道德意识环境的构建．浙江教育科学 [J].2017.

在掌握了其行为规律特征后，便能预测老年人行为发生的方式、类别和地点，从而对空间设计起到一定的指导作用。

机构型养老建筑的空间构成形式、空间属性，以及空间环境要素的组合布局形式等对老年人及其行为产生引发影响。在交互客体对象（建筑空间）的引发影响下，产生多样性的老年人行为活动类型。各类型行为活动之间不会产生干扰，行为活动保持良好的秩序性，则说明交互客体对象（建筑空间）对行为活动产生了积极的引发影响；反之建筑空间对老年人行为活动的引发影响则是消极的，已有空间设计则不利于老年人行为活动的展开。

一、老年人行为活动属性划分

（一）老年人动态行为活动

出于空间对行为的引发影响，机构型养老建筑空间产生两种属性的老年人行为活动：动态行为活动与静态行为活动。老年人的动态行为活动具体表现为：机构型养老建筑内入住老年人个体或老年人群体之间在非静态下的日常生活行为。区别于利用空间功能对老年人行为进行划分的传统分类方法（例如：就餐行为、锻炼行为、交谈行为、如厕行为、洗浴行为等），本书以老年人行为发生的主体性（包括自主性、被动性、偶发性）、行为发生的时空性（包括行为发生时间、行为发生空间）为标准，对老年人的动态行为活动的特征进行类型化研究。

（二）老年人静态行为活动

老年人的静态行为活动具体表现为：机构型养老建筑内入住老年人的空间定位状态。老年人的空间定位状态反映了在不同行为活动内容下，建筑空间的物理环境和观察对象之间的空间位置关系，对老年人的停留场所、身体朝向和定位空间选择的影响。老年人在公共空间内停留时，需要对所在建筑场所内的各构成要素进行认知，同时通过观察公共空间内其他老年人的空间位置和个人活动范围之间的空间关系，实现建筑内的自我空间定位，以实现老年人对所在空间环境的控制。

二、老年人动态行为活动特征

（一）老年人动态行为活动的类型

　　空间与行为交互过程中的建筑空间及其环境要素对空间使用者行为的引发影响，首先表现为老年人动态行为活动的产生。本节通过实地调研，分析机构型养老建筑不同空间构成形态、空间构成属性，在行为引发影响的作用下，所产生的老年人动态行为活动类型及其特征。机构型养老建筑空间对行为的引发影响，体现在老年人与护工、老年人与老年人之间的动态行为活动之中。通过实地调研，对机构型养老建筑空间内老年人的动态行为活动进行了分类和总结。

1. 个体行为活动（I-A）

　　老年人的运动、散步、观看电视和阅读书籍等可以独立完成的行为，行为发生场所具有的功能和老年人个人的活动目的一致。建筑空间形态对老年人的认知体验具有知觉的可供性，进而促使建筑空间内个人行为活动的实现。

2. 亲友间群体行为活动（L-A）

　　养老建筑内共同居住的老年人之间（彼此为友人）、老年人与建筑外的来访者（亲属和朋友）之间的交往行为，行为发生的建筑空间具有选择性，多为养老建筑内的公共空间。当彼此之间的情感关系完结时，相应的行为活动也将终止。

3. 目的性自发行为活动（G-A）

　　非护理人员组织下的老年人之间的交往行为，行为的发生与老年人的公共兴趣爱好和心理需求相联系，例如在卧室外的共同生活空间内进行的集体手工艺活动、烹饪茶点、会话交流等行为。

4. 非目的性产生的聚集（N-A）

　　老年人在自然心理状态下产生的聚集行为，人数在 2～3 人，彼此之间非友人关系，聚集时间较短，聚集成员变化率较大，聚集的产生和结束具有不确定性。特殊建筑空间形态可以对老年人非目的聚集行为产生牵引力。

5. 被动性的行为活动（P-A）

老年人在护工看护下进行的独立或者集体性的机能康复训练、入浴、就餐等介护相关行为活动，行为发生的场所是特定的建筑空间，如机能训练室、日间照料空间、廊下空间和老年人共同生活空间。该类行为活动具有强制性特点，行为发生场所具有固定性。

6. 偶发的交流行为（O-A）

养老建筑空间内，老年人与护工、职员、来访者在非护理时间内相遇时的问候行为，老年人之间初会时的问候行为。行为的发生通常在独立的两人之间，行为发生的空间场所具有不确定性。

（二）实地调研案例内的动态行为活动实态调查

1. 实地调研案例的空间属性划分及其利用频率调查

选取调研案例 JP07 和案例 DL01 作为研究对象，案例 JP07 的建筑空间构成形态属于马蹄型，建筑空间由 3 个组团单元空间围绕中庭布置，包括两个老年人生活单元和一个介护医疗单元。案例 DL01 的建筑空间构成形态属于手钥型，建筑两翼体量相当，设有医务室、活动室、康复室和图书阅览室。两所养老建筑的老年人生活居住空间主要集中在建筑二层，其中入住老年人的数量和身体健康状况相似，均不需要借助轮椅等助步器械行走且生活能够自理，平均年龄均在 65 岁以下。本调查分别对案例 JP07 和案例 DL01 的建筑二层内入住老年人的行为特征和动线进行实地记录统计，将养老建筑内入住老年人日常行为活动范围涉及的空间，按照建筑空间的私密程度分为私密空间（P 空间）、半私密空间（S-P 空间）、半公共空间（S-PU 空间）和公共空间（PU 空间）4 种类型。通过建筑空间的定性化，对老年人的生活行为状态进行定性化分析（图 35）。实地调研中，对案例 JP07 和案例 DL01 行为观察建筑层内入住老年人在 4 种属性建筑空间中的利用率进行统计（调查分 3 天进行，观察时间为全天 7:00—19:00，依据建筑计划学相关行为观察方法，每隔 10 分钟对各属性空间内老年人的活动范围和停留场所记录一次。由于调研案例内相关居养管理制度的限制和对老年人个人隐私的保护，避免在夜间进行调查，以防对老年人的养护休息产生干扰）。通过数据分析可以看出，案例 JP07 内的老年人在卧室外的 S-P 空间和 S-PU

空间内的活动频率要大于案例 DL01，原因是案例 JP07 的单元组团式围合型建筑空间构成形态为老年人创造出更多的卧室外活动交往空间。S-P 空间和 S-PU 空间将老年人卧室数量均匀分布在各个老年人生活单元内，体现了建筑空间的功能可供性。案例 DL01 的卧室外活动交往空间较少，通过行为观察发现，老年人主要集中在建筑西北侧空间转折处的公共活动室内，而 S-P 空间只存在于建筑南侧走廊尽端处和天井南北两侧的狭窄区域。通过调查发现，这些空间的利用率较低，老年人一天内的活动主要集中在各自的卧室中，因此案例 DL01 的 P 空间利用率高于案例 JP07。案例 DL01 的 PU 空间的利用率较高的原因是老年人没有固定的室内机能恢复训练空间，他们只能通过在廊下空间的移动达到锻炼下肢的目的。

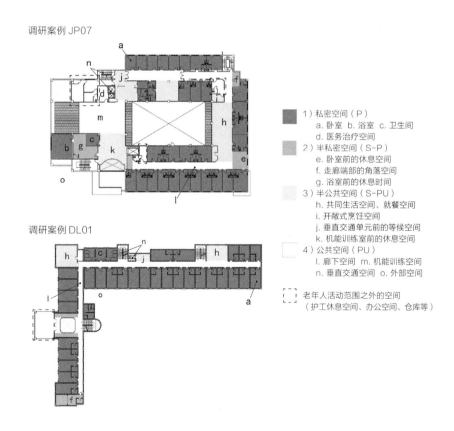

调研案例 JP07

1）私密空间（P）
  a. 卧室 b. 浴室 c. 卫生间
  d. 医务治疗空间
2）半私密空间（S-P）
  e. 卧室前的休息空间
  f. 走廊端部的角落空间
  g. 浴室前的休息时间
3）半公共空间（S-PU）
  h. 共同生活空间、就餐空间
  i. 开敞式烹饪空间
  j. 垂直交通单元前的等候空间
  k. 机能训练室前的休息空间
4）公共空间（PU）
  l. 廊下空间 m. 机能训练空间
  n. 垂直交通空间 o. 外部空间

  老年人活动范围之外的空间
  （护工休息空间、办公空间、仓库等）

调研案例 DL01

图 35 调研案例 JP07 和案例 DL01 的建筑空间属性划分

2. 动态行为活动在不同属性空间内的发生频率调查

调查各类型的老年人动态行为活动在案例 JP07 和案例 DL01 建筑空间内的发生频率（调查分 3 天进行，观察时间为全天 7:00—19:00）。由于案例 JP07 内 S-P 空间和 S-PU 空间的布局合理且功能丰富，老年人对空间的利用具有更多选择性，因此空间承载了更多动态行为活动类型。从实地调研采集的数据分析可知，案例 JP07 内不同属性的建筑空间较为均匀地承载了多元化的老年人动态行为活动类型。案例 DL01 内 S-P 空间和 S-PU 空间的面积较小，不同类型的动态行为活动只能被压缩在 P 空间和 PU 空间内开展。从数据分析得出，在同一属性空间内产生的动态行为活动类型的两极化特征较明显。

对调研案例行为观察建筑层内的老年人进行了类型化统计。通过数据分析得出，案例 JP07 内老年人多数属于开放群体型，因为该机构型养老建筑在每个生活单元内外设计了丰富的老年人活动交往 S-PU 空间。在空间的直接影响作用下，案例 JP07 内的室外活动型和封闭型老年人的数量较少。案例 DL01 内的 S-PU 空间数量和面积不能满足老年人在卧室之外的日常交往活动需求，建筑空间形态较封闭和局促。在空间的引发影响作用下更多老年人选择外出进行锻炼和交流活动，因此在入住者中形成了多数的室外活动型老年人。同时，在这种封闭建筑空间形态的引发影响下，又产生了多数的封闭群体型、封闭型和自立型老年人。

在调研案例 JP07 和案例 DL01 内，抽取 5 名不同类型的老年人作为研究对象，通过对 5 名老年人在养老建筑内生活实态的观察记录，分析建筑空间形态对老年人的移动范围、行为特征和空间使用的引发影响，对不同类型老年人的动态行为活动进行实态调查分析。

行为观察对象 01（自立型老年人）：在案例 JP07 内，选取一名老年人作为研究对象。通过行为观察发现，该老年人出于兴趣爱好和生活习惯，喜欢在自己的卧室内接待亲友和其他老年人，一天内在卧室度过的时间较长，在卧室外的老年人共同生活空间内的会话交流较少。该老年人的自立性较强，会积极参加护工组织的机能康复训练等公共活动，因此该老年人的生活行为状态属于"自立型"。观察日内建筑空间的利用范围，包括个人卧室空间、老年人共同生活空间、日间介护照料空间和公共浴室空间。在建筑空间的引发影响下产生的老年人动态行为活动，包括个体行为活动（I-A）、亲友间群体行为活动（L-A）、非目的性产生的聚集（N-A）和被动性的行为活动（P-A）。调研案例JP07内，研究对象01老年人的个体行为活动（I-A）在建筑空间内的发生频率最高。

行为观察对象02（封闭群体型老年人）：在案例DL01内，选取一名老年人作为研究对象。调研对象老年人倾向于和卧室周边相同出生地或在入住前的生活地相同的老年人之间产生交流，彼此之间在卧室空间内、卧室外的老年人公共生活空间内的交往行为发生频繁，彼此构成公共生活的群体型行为。但形成公共群体的老年人均具有例如相同出生地等的某种共性，所以以其他老年人进入该群体生活较困难，因此行为观察对象02老年人的生活行为状态属于"封闭群体型"。观察日内建筑空间的利用范围，包括个人卧室空间、他人卧室空间、公共就餐空间和廊下空间。在建筑空间的引发影响下产生的老年人动态行为活动包括个体行为活动（I-A）、亲友间群体行为活动（L-A）、目的性自发行为活动（G-A）和被动性的行为活动（P-A）。行为观察对象02老年人的亲友间群体行为活动（L-A）在建筑空间内的发生频率最高。

行为观察对象03（开放群体型老年人）：在案例JP07内，选取一名老年人作为研究对象。行为观察中发现，该老年人在卧室外老年人共同生活空间内度过的时间最长，老年人频繁来往于卧室和公共空间，老年人之间不存在相同出生地等客观因素，自然形成的交往群体方便老年人自由地加入，因此研究对象03老年人的生活行为状态属于"开放群体型"。观察日内建筑空间的利用范围，包括个人卧室空间、他人卧室空间、老年人共同生活空间、开敞式烹饪空间、日间介护照料空间、公共浴室空间和建筑内的公共活动空间。在建筑空间的引发影响下产生的老年人动态行为活动，包括个体行为活动（I-A）、亲友间群体行为活动（L-A）、目的性自发行为活动（G-A）和被动性的行为活动（P-A）。行为观察对象03老年人的目的性自发行为活动（G-A）在建筑空间内的发生频率最高。

行为观察对象04（室外活动型老年人）：在案例DL01内，选取一名老年人作为研究对象。该老年人在卧室外的交往行为较频繁，在养老建筑内的廊下空间的活动较多，该老年人与护工、其他入住者之间的交流行为也发生在廊下空间内。研究对象会在电梯前的中庭周围空间内停留，在这些空间中的部分时间内产生2～3人的非活动性聚集。老年人会结伴外出锻炼和散步，在卧室内的停留时间相对较少，因此研究对象04老年人的生活行为状态属于"室外活动型"。观察日内建筑空间利用范围，包括个人卧室空间、廊下空间、中庭周围空间、活动空间、走廊尽端的活动空间和室外空间。在建筑空间的引发影响下产生的老年人动态行为活动，包括个体行为活动（I-A）、亲友间群体行为活动（L-A）、目的性自发行为活动（G-A）、非目的性产生的聚集（N-A）和偶发的交流行为（O-A）。行为观察对象04老年人的个体行为活动（I-A）之外的行为，在建筑空间内的发生频率基本均等。

行为观察对象05（封闭型老年人）：在案例JP07内，选取一名老年人作为研究对象。通过观察发现，该老年人习惯独自在卧室内度过一天中的大部分时间。除了设施内的集体活动外，该老年人会尽量避免与其他老年人和护工交流，因此研究对象05老年人的生活行为状态属于"封闭型"。观察日内建筑空间的利用范围，包括个人卧室空间、共同生活空间、日间介护照料空间和公共浴室空间。在建筑空间的引发影响下产生的老年人动态行为活动包括个体行为活动（I-A）、亲友间群体行为活动（L-A）和被动性的行为活动（P-A）。研究对象05老年人的个体行为活动（I-A）在建筑空间内的发生频率最高。

（三）老年人动态行为活动的特征分析

在完成上述老年人动态行为活动在调研案例内的实态调查分析后，将对建筑空间引发影响下的老年人动态行为活动特征进行分析，并做出归纳总结。

1. 交互客体对象（建筑空间）引发影响下的各类型动态行为活动特征分析

老年人动态行为活动的差异性在于行为发生时建筑空间对行为的引发影响，不同类型动态行为活动发生时，建筑空间赋予老年人的意义也不一样。在交互客体对象（建筑空间）的引发影响下，6种类型老年人动态行为活动表现出不同的主体性、行为发生时间、行为发生空间以及行为发生的主体特征，建筑空间对行为的引发影响表现在不同属性建筑空间所承载的老年人动态行为活动类型的不同。

（1）建筑空间对个体行为活动（I-A）的引发影响

空间对个体行为活动（I-A）的引发影响相对较小，因为个体行为活动表现为空间内老年人自我肯定和对存在意义的确认，老年人会按照经验选择养老建筑内空间认知体验和个人行为活动完成程度最高的场所。通常情况下个体行为发生的建筑空间形态和老年人的认知体验相契合，交互过程中入住老年人对所处建筑空间具有较强的控制力（图36）。

图 36 个体行为活动（I-A）

（2）建筑空间对亲友间群体行为活动（L-A）的引发影响

机构型养老建筑内的半私密空间（S-P空间）设计对亲友间群体行为活动（L-A）的引发影响相对较大，当半私密空间形态及其环境要素设计形成的空间氛围能够给老年人带来亲友之间交往情感的寄托时，对应行为活动的发生频率则较高。亲友间群体行为活动（L-A）内空间对行为的引发影响，表现为老年人在亲属和朋友交往行为中获取相互承认的存在感。行为发生场所的选择由群体对于建筑空间的认知能力决定，由于情感因素所形成的群体行为在情感关系结束后相应行为活动也会终止，但行为发生的建筑空间会给老年人带来情感的寄托，因为空间内凝聚了老年人对于亲友间群体行为的记忆（图37）。

图 37 亲友间群体行为活动（L-A）

（3）建筑空间对非目的性产生的聚集（N-A）与偶发的交流行为（O-A）的引发影响

空间对非目的性产生的聚集（N-A）与偶发的交流行为（O-A）所产生的引发影响表现出短暂性与偶然性。因为建筑空间局部对老年人的认知体验产生短期刺激，引发上述两种动态行为活动的产生，且非目的性产生的聚集（N-A）与偶发的交流行为（O-A）产生的场所不具备永久性。通过实地调研发现，半公共空间（S-PU 空间）与半私密空间（S-P 空间）对非目的性产生的聚集（N-A）与偶发的交流行为（O-A）引发影响较为直接（图38）。

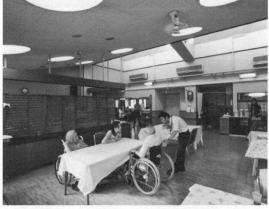

图 38 非目的性产生的聚集（N-A）与偶发的交流行为（O-A）

（4）建筑空间对目的性自发行为活动（G-A）与被动性的行为活动（P-A）的引发影响

目的性自发行为活动（G-A）与被动性的行为活动（P-A）具有明确的行为目标，因此空间的固有功能与属性对上述两种行为活动的引发影响也较为直接和明确。上述两种动态行为活动发生的空间场所、行为主体、行为内容具有相对较高的确定性与一致性。目的性自发行为活动（G-A）帮助老年人对建筑空间进行自主的认知和体验，在目的性自发行为发生的过程中，老年人将获取更多属性行为发生的可能，对建筑空间的认知和利用范围增大，由于具有明确的行为目标，空间对行为的引发影响也较为直接和明确。被动性的行为活动（P-A）内空间对行为的引发影响表现出老年人在建筑空间内的自我存在感较弱，行为发生场所、行为主体、行为内容具有确定性和一致性，建筑和人的交互关系较直接，体现在具体功能空间承载相应具体的行为活动内容（图 39）。

图 39 目的性自发行为活动（G-A）与被动性的行为活动（P-A）

2. 中日实地调研案例内交互客体对象（建筑空间）连接构成形态的差异对老年人动态行为活动的引发影响分析

　　首先，国内调研案例内交互客体对象（建筑空间）构成类型多为基本型、手钥型、马蹄型空间构成形态，但由于存在老年人生活单元空间组团界限不明晰的问题，在建筑空间引发影响下，老年人动态行为活动之间彼此产生干扰，各类型动态行为活动之间的秩序性相对较低。同时，由于国内调研案例内的共享生活空间采用集中式设计、公共活动空间采用封闭式设计引发整体空间形态较封闭与局促，老年人多选择外出进行锻炼与交流活动，共享生活空间与公共活动空间的利用率降低，在建筑空间引发影响下的老年人动态行为活动多样性相对较低。以本章前文对国内调研案例 DL01 中的入住老年人动态行为活动的实态观察为例，分析交互客体对象（建筑空间）对老年人动态行为活动的引发影响。案例 DL01 采用手钥型空间构成形态，在建筑两翼的中心轴线处均设计有老年人公共交往空间，同时在建筑转折处设计有老年人活动室，但由于活动空间未采用开敞式设计，同时受到卧室南向布局的限制，整体空间形态较封闭与局促，在空间引发影响下形成的老年人动态行为活动类型以个体行为活动（I-A）、被动性的行为活动（P-A）与偶发的交流行为（O-A）为主。同时，由于半私密空间（S-P 空间）与半公共空间（S-PU 空间）的面积较小，在空间属性构成引发影响下不同类型的动态行为活动只能被压缩在私密空间（P 空间）和公共空间（PU 空间）内开展，同一属性空间内产生的动态行为活动类型的两极化特征较明显，动态行为活动的多样性相对较低。综上所述，在交互客体对象（建筑空间）的引发影响下，老年人动态行为活动类型单一，动态行为活动之间缺乏秩序性，动态行为活动会产生彼此干扰，因此调研案例内的交互客体对象（建筑空间）对老年人动态行为活动产生了消极的引发影响，已有空间设计不利于老年人动态行为活动的展开。建议将空间内已有老年人活动室进行开放式设计，同时在建筑两翼走廊端部设计半私密空间（S-P 空间），形成亲友间群体行为活动（L-A）的空间载体。

其次，日本调研案例内交互客体对象（建筑空间）构成类型多为基本型与围合型空间构成形态，且具有生活单元空间组团明晰、共享生活空间分散式设计、公共活动空间开放式设计等空间特征。卧室空间组团形成老年人生活单元，生活单元之间的空间界限较为明晰，且每个组团单元内均设计有独立的共享生活空间作为老年人的日常起居交往空间，有效提高了老年人动态行为活动之间的秩序性，避免动态行为活动之间的干扰，同时，公共活动空间采用开放式设计有效提高了老年人动态行为活动的多样性。以本章前文对日本调研案例 JP07 中的入住老年人动态行为活动的实态观察为例，分析交互客体对象（建筑空间）对老年人动态行为活动的引发影响。日本调研案例 JP07 采用卧室组团形成老年人生活单元的马蹄型空间构成形态，且每个组团单元内均设计有独立的半公共空间（S-PU 空间）作为老年人的日常起居交往空间。在整体组团式空间布局引发影响下，老年人动态行为活动的秩序性得到提高，空间设计有效降低了被动性的行为活动（P-A）的产生，不同属性建筑空间较为均匀地承载了多元化的老年人动态行为活动类型。生活单元之间通过设计半私密空间（S-P 空间）形成自然的空间界限，由此产生的对生活单元之间老年人动态行为活动的约束也相对较为柔和，同时设计公共空间（PU 空间）增强了组团生活单元之间的联系，在维持老年人动态行为活动秩序性的同时，促进生活单元之间老年人动态行为活动类型多样性的提升。综上所述，在交互客体对象（建筑空间）的引发影响下，产生了多样性的老年人动态行为活动类型、各类型动态行为活动之间不会产生干扰、动态行为活动之间保持了良好的秩序性，因此调研案例内的交互客体对象（建筑空间）对老年人动态行为活动产生了积极的引发影响。

三、老年人静态行为活动特征

空间与行为交互过程中的建筑空间及其环境要素对空间使用者行为的引发影响也包括老年人的静态行为活动特征分析。老年人的静态行为活动具体表现为机构型养老建筑内入住老年人的空间定位状态，老年人的空间定位状态反映了在不同行为活动内容下建筑空间的物理环境和观察对象之间的空间位置关系对老年人的停留场所、身体朝向和定位空间选择的引发影响，通过实地调研分析机构型养老建筑不同空间构成形态、空间环境要素对行为引发影响下产生的老年人空间定位状态类型及其特征。

（一）老年人静态行为活动的类型

1. 老年人静态行为活动的引发影响要素

机构型养老建筑内，入住老年人在公共空间停留时需要对所在建筑场所内的环境要素进行认知，同时通过观察公共空间内其他老年人的空间位置和个人活动领域之间的空间关系，实现建筑内的自我空间定位，进而在公共空间内开展相关的行为活动。通过具体分析公共空间内老年人处于定位状态时的身体朝向特征，来研究老年人和建筑空间环境要素之间的关系。机构型养老建筑内引发影响老年人静态行为活动的要素包括物理规定要素、行为活动要素以及空间位置要素。其中，物理规定要素对老年人静态行为活动的类型产生引发影响，行为活动要素引发影响各类型老年人静态行为活动在建筑空间内的分布状况，空间位置要素则引发影响老年人空间定位时的视角关系。

2. 物理规定要素引发影响下的老年人静态行为活动类型

物理规定要素包括家具要素、对象要素与空间要素。根据物理规定要素的引发影响，即机构型养老建筑内家具、人、空间三者之间的固有位置关系对老年人空间定位状态产生的引发影响，将老年人静态行为活动划分为以下3种基本类型：

家具规定型：是指交互客体对象（建筑空间）内已有桌椅等家具的摆放位置引发影响老年人身体朝向的选择。

对象规定型：是指老年人对空间位置的选择受其交流对象的引发影响，例如老年人和护工会话时身体的朝向选择，以及老年人群体在共同生活空间内观看电视时的身体朝向选择。本书将调研案例内共同生活的老年人、护工以及来访者均定位为影响交互主体对象（老年人）空间定位状态的建筑空间环境要素之一，因此对象规定型不仅反映了人群之间的社会关系，也反映了建筑空间环境要素对老年人空间定位状态的引发影响。

空间规定型：是指养老建筑内停留在公共空间四壁边界处的老年人，受心理安全感的影响选择身体朝向公共空间的中心方向，或者以目标物的空间位置为中心，老年人的空间定位状态受到目标物的空间位置牵引。

物理规定要素之间并非孤立地存在，同一老年人的定位状态也可能受到两种物理规定要素的引发影响，老年人原有的空间定位状态会发生变化，形成家具-对象规定型、空间-对象规定型、空间-家具规定型3种衍生类型。小空间内老年人的定位状态受到家具布置形式和位置的引发影响较大，多为家具规定型。在公共空间中发生老年人之间、老年人和护工之间的会话交流行为时，老年人的定位状态多为对象规定型。在大空间内老年人的定位状态多为空间规定型。

（二）实地调研案例内的静态行为活动实态调查
1. 行为活动要素对老年人空间定位状态的引发影响实态调查

选取调研案例DL07（图40）和案例JP01（图41）为研究对象。案例DL07的建筑空间构成形态属于扇状围合型，建筑面积为6555 m²，建筑整体角度为偏东南15°，共6层，一层至二层通高设置中庭空间，建筑空间整体构成分为南北两部分，建筑南侧扇形空间多设计为健身室、活动室、小餐厅、公共谈话室和会议室，老年人的居住空间主要集中在建筑南侧。建筑二层在天井东西两侧的公共空间内布置沙发和植物景观，为入住老年人营造两处共同生活空间。案例JP01的建筑空间构成形态属于围合型，建筑面积为1694 m²，建筑分为两层。老年人居住空间位于建筑平面的西南侧，公共餐厅和机能恢复训练空间位于建筑北侧，建筑东侧为办公和医护空间，在廊下空间的尽端安置的电视机和桌椅形成局部的会话交往空间，老年人共同生活空间位于建筑平面西南侧的转折处，同时服务建筑西侧和南侧两个生活单元内的老年人。

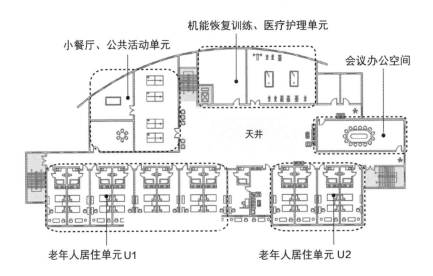

机能恢复训练、医疗护理单元

小餐厅、公共活动单元

会议办公空间

天井

老年人居住单元 U1

老年人居住单元 U2

图 40 调研案例 DL07 的建筑空间构成示意

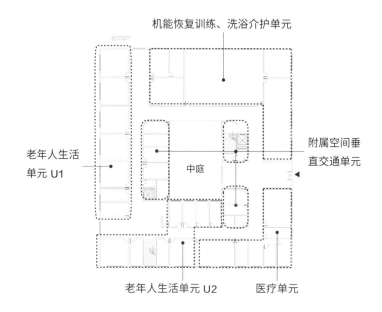

机能恢复训练、洗浴介护单元

老年人生活
单元 U1

中庭

附属空间垂
直交通单元

老年人生活单元 U2　　　医疗单元

图 41 调研案例 JP01 的建筑空间构成示意

行为活动要素包括机构型养老建筑内老年人的日常行为活动范围与公共空间内老年人的行为活动内容两个方面。通过绘制不同生活单元内入住老年人的生活行动圈来分析调研案例DL07和案例JP01中老年人的行为活动范围和空间关系。案例DL07内老年人居住空间U1的入住者在其卧室前的廊下空间的移动频率最高，同时老年人群集中在天井西侧的公共空间内，在这里形成U1内的共同交往活动场所。建筑西侧走廊尽端直接进入楼梯间，通过观察得知老年人在该空间内的利用率不高。U2内老年人对建筑西北侧活动室、小餐厅的利用频率较高，老年人经常将小餐厅作为会话室使用。老年人居住空间U2的入住者同样在其卧室前的廊下空间的移动频率最高，通过行为观察发现U2内老年人的交往聚集场所包括天井西侧的公共空间、走廊尽端靠窗的小空间、公共卫生间前靠窗的小空间以及健身室和天井之间的小空间，同时U2内老年人对养老建筑北侧健身室的利用频率较高。案例JP01内老年人居住空间U1的入住者在其卧室前的廊下空间和建筑西南转折处的共同生活空间内的移动频率最高，共同生活空间内也形成老年人群的聚集。邻近U1内老年人卧室的西侧走廊尽端的小空间内布置有电视机，这里也自然形成小范围的交往人群。另外在建筑南侧走廊尽端临窗的小空间、入口门厅对面的公共谈话空间和建筑北侧老年人机能康复训练空间前的廊下空间内均形成老年人群的聚集。U2内老年人的交往聚集空间和U1具有部分重叠，如在建筑西南转折处的共同生活空间和西侧走廊尽端的小空间等，但U2内老年人对以上空间的利用频率低于U1。建筑北侧走廊尽端的邻窗小空间内布置有电视机，这里形成U2内老年人的交往聚集场所。由于公共浴室空间和机能训练空间均布置在建筑北侧，因此U1和U2内老年人的移动路线在建筑西侧廊下空间产生重叠。

通过行为观察发现调研案例DL07和案例JP01的卧室空间外，老年人的行为活动内容分为就餐行为、机能康复训练活动和老年人自主行为，其中老年人自主行为包括老年人的个体行为和群体间的交往行为。案例DL07建筑西侧设计有小餐厅，卧室邻近小餐厅的老年人在下午茶时间选择在小餐厅内就餐和会话交流，距离小餐厅较远的建筑东侧卧室的老年人群则选择在天井东侧的公共空间内进行简单的就餐相关交流活动，所以通过数据分析得出案例DL07内老年人在天井东侧公共空间内的就餐行为要多于西侧。案例

JP01 内老年人卧室集中在建筑西侧和南侧，同时在建筑西南转折处设计了老年人共同生活空间，通过数据统计分析可知该空间很好地承载了西南两侧入住老年人的日常行为活动，该空间内老年人各类行为活动的发生频率相差不大，在走廊尽端的小空间内布置有电视机，因此案例 JP01 走廊尽端的小空间内发生的老年人个体行为之外的活动内容及其发生频率要高于案例 DL07。以上行为内容和活动范围结合物理规定要素分析老年人在养老建筑内的空间定位状态，以及"家具规定型""对象规定型"和"空间规定型"3种老年人基本空间定位状态在调研案例 DL07 和案例 JP01 各建筑空间内的分布状况。

2. 空间位置要素对老年人空间定位时的视角影响调查分析

通过调查发现，养老建筑公共空间内老年人之间的空间位置关系及邻近老年人的空间定位状态，均会对观察对象的状态产生引发影响。以老年人定位时的视角为切入点分析老年人之间的空间定位状态，包括以下5种类型：① 对视关系：老年人之间对视会话时产生的空间定位关系。② 可视关系：在观察对象水平视角140°范围内（头部无需运动），观察对象和可视老年人之间产生的空间定位关系。③ 能视关系：在观察对象头部运动时产生的最大水平视角范围内，观察对象和可视老年人之间产生的空间定位关系。④ 不可视关系：在观察对象头部运动时产生的最大水平视角范围外，观察对象和不可视老年人之间产生的空间定位关系。⑤ 单人关系：建筑空间内老年人数为单人时观察对象的空间定位状态（图42）。

图 42 老年人空间定位时的视角调查分析

（三）老年人静态行为活动的特征分析

1. 共同生活空间内的老年人静态行为活动特征

机构型养老建筑内的共同生活空间满足老年人的就餐、会话、娱乐等公共交往活动的展开，共同生活空间内老年人的空间定位状态多受到桌椅摆放位置和老年人之间空间位置的引发影响。受到家具位置的影响案例 JP01 内的观察对象 LT01 和 LT02 之间的空间定位关系为"对视关系"，观察对象的身体朝向彼此相对。观察对象 LT03、LT04 和 LT05 之间的空间定位关系为"可视关系"，3 名老年人彼此之间的空间位置在观察对象的水平视角140° 范围内，观察对象的身体朝向在水平视角 140° 范围内彼此相对。6名观察对象受到物理规定要素之间的交互作用产生的空间定位状态属于"家具－对象规定型"。电视机前的 1 名老年人 LT06 的空间定位状态属于"家具规定型"，观察对象的身体朝向电视机的摆放位置。将 6 名老年人按照行为内容分为 3 组（G01、G02、LT06），老年交往群体之间产生两种空间定位关系。G01（LT01、LT02）和 G02（LT03、LT04、LT05）内的老年人彼此之间的空间位置在观察对象 LT06 头部运动时产生的最大水平视角范围之外，属于"不可视关系"。G01 和 G02 内的老年人彼此之间的空间位置在观察对象头部运动时产生的最大水平视角范围之内，属于"能视关系"。在共同生活空间内产生了多样性的老年人静态行为活动类型，且静态行为活动之间保持了良好的秩序性。因此，调研案例内的交互客体对象（建筑空间）对老年人静态行为活动产生了积极的引发影响。

2. 机能恢复训练空间内的老年人静态行为活动特征

机能恢复训练空间内老年人群的行为内容为集体性机能康复训练活动，老年人的空间定位状态受到训练器材、桌椅等家具的摆放位置，以及老年人群之间的空间位置关系等因素的引发影响。观察对象 DS01、DS02、DS03、DS04、DS05、DS06、DS07、DS08、DS09 和 DS10 在1 名护工和 2 名志愿者的指导下进行集体机能康复训练活动，护工的空间位置在10 名老年人的水平视角 140° 范围内，因此护工和 10 名老年人之间的空间位置关系为"可视关系"，10 名老年人的身体朝向以护工的空间位置为中心；10 名老年人之间的空间位置关系为"能视关系"，彼此之间的空间位置在观察对象头部运动时产生的最大水平视角范围内，物理规定要素之间的交互作用产生的空间定位状态属于"家具－对象规定型";位于机能恢复训练空间四周休息处的观察对象老年人 DS11 和 DS12 的空间定位状态属于"空间－对象规定型",DS13 的空间定位状态属于"空间规定型",3 名观察对象的身体均朝向日间服务护理空间的中心方向,老年人之间的空间位置关系为"能视关系"。因此,调研案例内的交互客体对象(建筑空间)对老年人静态行为活动产生了积极的引发影响,机能恢复训练空间内产生了多样性的老年人静态行为活动类型,且静态行为活动之间保持了良好的秩序性。

3. 公共谈话室、小餐厅、廊下空间内的老年人静态行为活动特征

受到公共谈话室内桌椅的摆放位置和交谈对象就座位置的引发影响,物理规定要素之间的交互作用产生的老年人空间定位状态属于"家具－对象规定型",老年人和亲友之间的空间位置关系为"对视关系",老年人和亲友的身体朝向彼此相对。廊下空间内老年人的空间定位状态的影响因素主要是老年人和护工之间的会话交流行为,观察对象 P001 和 P002 均为下肢活动能力较弱的老年人,需要在护工的帮助下进行下肢机能恢复训练,训练活动的场所常常选择在观察对象卧室附近的廊下空间,老年人和护工之间通过话语进行交流沟通,老年人的空间定位状态属于"对象规定型"。观察对象 P001 和 P002 之间的空间位置关系为"不可视关系",彼此的空间位置在观察对象头部运动时产生的最大水平视角范围之外。由于公共谈话室、小餐厅采用非开放式设计,廊下空间形态单一,缺乏变化,在交互客体对象(建筑空间)的触发影响下,老年人静态行为活动类型单一,静态行为活动之间缺乏秩序性,静态行为活动会产生彼此干扰。因此,调研案例内的交互客体对象(建筑空间)对老年人静态行为活动产生了消极的引发影响,已有空间设计不利于老年人静态行为活动的展开。

4. 辅助空间前的小空间内的老年人静态行为活动特征

养老建筑内电梯、公共浴室、公共洗涤室等辅助空间前的小空间常常作为老年人临时休息等候的场所,空间内老年人的行为内容多为个人目的性活动或者在护工帮助下的目的性活动。在电梯前的小空间,观察对象为两名老年人 EL01 和 EL02。观察对象 EL01 坐在电梯入口附近的椅子上,其观察空间定位状态受到椅子摆放位置的触发影响,同时在其最大水平视角范围内去

捕捉电梯内外老年人及护工的进出情况，物理规定要素之间的交互作用产生的空间定位状态属于"家具－对象规定型"。观察对象 EL02 为站立状态，其空间定位状态属于"家具－空间规定型"。受到电梯空间位置的触发影响，观察对象 EL02 的身体朝向电梯入口方向，同时也在观察对象 EL02 的最大水平视角范围内去捕捉电梯内外老年人及护工的进出情况，老年人之间的空间位置关系为"能视关系"，物理规定要素之间的交互作用产生的空间定位状态属于"空间－对象规定型"。公共浴室前的小空间内观察对象 BA01 老年人的空间定位状态受到陪同护工的触发影响，属于"对象规定型"，老年人与护工之间的空间位置关系为"对视关系"。公共洗涤室前的小空间内观察对象老年人 WA01 的空间定位状态受到洗涤室前椅子摆放位置的触发影响，属于"家具规定型"，由于通常是单人等候，空间位置关系为"单人关系"。调研案例内的交互客体对象（建筑空间）对老年人静态行为活动产生了积极的引发影响，辅助空间前的小空间内产生了多样性的老年人静态行为活动类型，各类型静态行为活动之间不会产生干扰，且静态行为活动之间保持了良好的秩序性。

交互过程的引发阶段表现为交互客体对象（建筑空间）对交互主体对象（老年人）行为的引发影响。由于空间对行为的引发影响过程较为抽象，本章利用交互过程引发阶段内老年人行为活动的特征分析，对空间引发影响行为的抽象过程进行具象化描述。建筑空间内产生多样性的老年人行为活动类型，同时各类型行为活动之间不会产生干扰，行为活动保持良好的秩序性，则说明交互客体对象（建筑空间）对行为活动产生了积极的引发影响；反之建筑空间对老年人行为活动的引发影响则是消极的，已有空间设计则不利于老年人行为活动的展开。交互过程引发阶段内，入住老年人的行为活动属性划分为动态行为活动与静态行为活动。

在机构型养老建筑空间的引发影响下形成 6 种老年人动态行为活动类型：个体行为活动（I-A）、亲友间群体行为活动（L-A）、目的性自发行为活动（G-A）、非目的性产生的聚集（N-A）、被动性的行为活动（P-A）与偶发的交流行为（O-A）。结合机构型养老建筑空间构成属性、空间构成形态，以及老年人对所处建筑空间环境和使用功能的认知理解存在的差异，通过实证调查分析各类型老年人动态行为活动在 4 种属性空间内的形成实态，进而归纳总结出实地调研案例内自立型、封闭群体型、开放群体型、室外活动型与封闭型 5 种类型入住老年人的动态行为活动特征。同时，结合本章对实地调研案例内老年人动态行为活动的特征分析，归纳总结建筑空间对老年人动态行为活动的引发影响以及对应设计建议。

老年人的静态行为活动，具体表现为机构型养老建筑内入住老年人的空间定位状态。机构型养老建筑内引发影响老年人静态行为活动的要素包括物理规定要素、行为活动要素以及空间位置要素，反映了在建筑空间内的物理环境要素以及观察对象之间的空间位置关系对老年人的停留场所、身体朝向和定位空间选择的引发影响。物理规定要素引发影响下的老年人静态行为活动类型包括家具规定型、对象规定型与空间规定型 3 种类型，同时结合行为活动要素分析 3 种老年人基本空间定位状态在调研案例建筑空间内的分布状况。在空间位置要素引发影响下将老年人之间的空间定位状态分为对视关系、可视关系、能视关系、不可视关系与单人关系 5 种类型。在此基础上总结归纳出实地调研机构型养老建筑各空间内的老年人静态行为活动特征。同时，结合本章对实地调研案例内老年人静态行为活动的特征分析，归纳总结建筑空间对老年人静态行为活动的引发影响以及对应设计建议。

第二节　老年人行为领域对建筑空间的影响

机构型养老建筑内交互主体对象（老年人）的行为领域对交互客体对象（建筑空间）的反馈影响，构成交互过程的反馈阶段，具体表现为老年人的内在需求引导行为活动形成交互介质（行为领域），从而反馈影响空间。交互介质（行为领域）的形成是交互过程得以完成的关键，因此对行为领域的形成特征分析是交互过程反馈阶段的研究重点。本节从行为领域对空间的反馈影响分析出发，以交互介质（行为领域）为研究核心，通过对机构型养老建筑内老年人行为领域形成的实态调查，探讨交互过程反馈阶段内个体行为领域与群簇行为领域的特征，进而完成对机构型养老建筑空间与老年人行为交互过程的分析。

"行为领域"是老年人内在心理需求引导"行为活动"形成的具有人格化的区域或场所，从而对所属建筑空间的固有功能与属性产生反馈影响，本书结合生态心理学内的交互关系相关理论研究，运用"行为领域"的形成作为交互介质分析行为对空间的反馈影响。

交互过程的反馈阶段，即行为对空间的反馈影响阶段，由于行为反馈影响空间的过程较为抽象，本节利用交互介质（行为领域）的形成特征分析，对行为反馈影响空间的抽象过程进行具象化描述。具体表现为交互主体对象（老年人）的内在需求引导行为活动形成交互介质（行为领域），进而对交互客体对象（建筑空间）产生反馈影响，从而实现空间与行为的完整交互性领域的行为反馈。老年人在行为领域内对所处建筑空间进行改造或再利用，从而满足自身的内在需求。交互介质（行为领域）的形成有时会赋予建筑空间新的功能，有时则会对空间属性进行置换。

老年人内在需求引导行为活动形成交互介质（行为领域）。空间的创造，多由建筑设计师根据经验、设计法则和创作灵感而来。空间使用者的行为活动是迫于定性的空间驱使，而行为活动表现，有些是计划性的，有些是偶然的、突发的。对于空间，人应有选择权、使用权以及自动的理性规范，同时人的行为活动会受到周围类似行为活动的影响，而产生类化作用，在空间内形成具有人格化的行为领域。

生态心理学相关研究表明，行为受到所处空间环境的引发影响，会产生不同属性与类型的行为活动。同时，人们在利用空间的过程中，受到内在需求的影响还在不断积极寻求空间环境内的其他可利用元素。行为活动在内在需求引导下形成交互介质（行为领域），从而对空间产生反馈影响，两者互相影响、相互作用。老年人的内在个体私密性需求引导个体行为活动（I-A）、亲友间群体行为活动（L-A）与目的性自发行为活动（G-A）等动态行为活动，以及家具规定型、对象规定型、空间规定型、能视关系、不可视关系与单人关系等静态行为活动，形成个体行为领域。同时，老年人的内在交往心理需求引导亲友间群体行为活动（L-A）、非目的性产生的聚集（N-A）、被动性的行为活动（P-A）与偶发的交流行为（O-A）等动态行为活动，以及家具规定型、空间规定型、对象规定型、对视关系、可视关系与能视关系等静态行为活动，形成群簇行为领域。

在对机构型养老建筑的实地调研中发现，老年人对于空间的利用方式有时并未遵循建筑设计师的主观设计意图。例如部分机构型养老建筑廊下空间的尽端虽未被建筑师设计成交往空间，却成为老年人日常交流行为发生频率相对较高的空间场所之一（图 43），甚至走廊的端部空间会被老年人群主动要求布置桌椅或种植盆栽，形成满足交往行为需求的小环境。上述情况也通常发生在门厅或共同生活空间内的局部小空间内，体现了老年人的内在需求影响行为对空间进行再创造。

图 43 机构型养老建筑走廊尽端空间内老年人行为领域的形成

本节以上述研究内容为理论依据，结合实地调研对机构型养老建筑内的交互介质（行为领域）形成方面的研究内容展开详细论述。交互介质（行为领域）对所属空间固有属性及功能的反馈影响程度越高，说明已有建筑空间设计越无法满足老年人的内在心理需求；反之，交互介质（行为领域）对所属空间固有属性及功能的反馈影响程度越低，则说明已有建筑空间设计越能够满足老年人的内在心理需求。

一、老年人行为领域属性划分

生态心理学中关于领域的定义是个人或群体为满足某种需求，拥有或占用一个场所或一个区域，并对其加以人格化的行为领域[23]。结合老年人的内在需求，将交互过程反馈阶段内的交互介质（行为领域）划分为老年人个体行为领域与老年人群簇行为领域两种属性。

[23] 霍建军 . 老年居住体系模式与设计探讨 [D], 西安建筑科技大学 ,2003.

（一）老年人个体行为领域

出于生理、心理特征的差异，老年人对于空间环境私密性的需求程度不同。老年人对空间环境的私密性需求驱使外在行为活动形成个体行为领域，个体行为领域的形成会为老年人带来心理上的安定感和舒适感，同时满足老年人个人行为的发生条件，老年人也通过个人行为领域对建筑空间进行认知体验与控制，从而达到老年人在建筑内自我存在意义的肯定和实现。老年人在个体行为领域内按照个体的需求布置环境要素，以满足其私密性需求，老年人通过个体行为领域的形成间接地增强了原有建筑空间的私密性。自立型、封闭型老年人在建筑空间内多形成个体行为领域，个体行为领域内承载的动态行为活动类型包括个体行为活动（I-A）、亲友间群体行为活动（L-A）、目的性自发行为活动（G-A）。同时，个体行为领域内承载的静态行为活动类型包括家具规定型、对象规定型、空间规定型、能视关系、不可视关系与单人关系。本书利用老年人个体行为领域的形成过程来分析交互过程中的老年人的私密性需求驱使外在行为对空间环境的反馈影响。

（二）老年人群簇行为领域

老年人群簇行为领域是指从机构型养老建筑内入住者的群簇交往心理期待出发，在建筑物理空间内形成的满足老年人交往心理需求的行为领域。年龄及身体状况、退休后的失落感、子女不在身边的孤独感等因素决定了老年人比其他年龄段的人有更为强烈的交往需求，他们非常渴求社会认同感，需要他人的肯定。老年人在群簇行为领域内，对所处建筑空间进行改造或对空间环境要素进行布置以增强其领域性，他们通过群簇行为领域间接地影响了局部空间的原有功能或空间属性特征，从而更好地满足自身的内在交往需求 [24]。封闭群体型、开放群体型、室外活动型老年人在建筑空间内多形成群簇行为领域，群簇行为领域内承载的动态行为活动类型包括亲友间群体行为活动（L-A）、非目的性产生的聚集（N-A）、被动性的行为活动（P-A）与偶发的交流行为（O-A）。同时，群簇行为领域内承载的静态行为活动类型包括家具规定型、空间规定型、对象规定型、对视关系、可视关系与能视

---

[24] 陈慧 . 现代老年人居住空间行为需求研究 [D], 天津大学 ,2005.

关系。本书利用老年人群簇行为领域的形成过程来分析交互过程中的老年人的交往需求驱使外在行为对空间环境的反馈影响。

二、老年人个体行为领域特征

（一）个体行为领域和空间私密性需求

环境心理学家罗伯特·索默（Robert Sommer）指出，每个人都有一个包裹在他个体周围、不希望他人入侵的无形领域，并将其命名为个体空间。日本学者高桥鹰志与西出和彦根据位置来判断并定义"想离开他人"的这种力量，并把由此形成的空间潜在力的分布称作个体领域。经过实验，"想离开他人"的程度以围绕人体的等高线形式表现出来。本书中的个体行为领域范围依据老年人个人所意识到的不同情境而改变，反映老年人心理上所需要的最小空间范围，他人对个体行为领域的侵犯和干扰会引起个人的焦虑和不安。个体行为领域对老年人起着自我保护作用，是一个针对来自情绪和身体两方面潜在危险的缓冲圈，以避免过多的刺激导致老年人应激的过度唤醒和私密性不足。

（二）个体行为领域的形成实态与特征调查

1. 老年人个体行为领域在不同属性空间内的形成实态调查

选取调研案例 DL02 和案例 JP06 作为研究对象（图 44、图 45），归纳出案例 DL02 的入住老年人主要生活空间南楼一层平面和案例 JP06 二层平面内的临界空间位置及各属性空间构成。案例 DL02 由 5 幢单体建筑组成，中间为活动场地，老年人的居住空间在南楼、东楼、北楼，西楼为餐厅，中间建筑为活动中心，空间形态具有自由向性的特点。老年人的主要居住空间南楼地势较高，设置的大台阶不利于老人出入。案例 DL02 的南楼共计 5 层，老年人行为观察层为南楼建筑一层平面，主要设置有三人间、双人间和单人间。该养老建筑提供养护、自理、介助、康复、特护等不同标准的机构养老服务，同时也为外地老年人提供旅游养老服务。养老建筑有固定的班车接送老年人，方便老年人与外界的联系。案例 JP06 共计两层，老年人行为观察层为建筑二层平面，机能康复训练空间、就餐空间和医疗护理空间位于建筑的西侧，公共浴室空间、公共卫生间及附属空间位于建筑的北侧，垂直交通单元和护士站位于老年人生活空间和公共空间的连接处。案例 JP06 老年人卧室空间组合关系为扇形弧状，老年人卧室多为东南日照方向配置，扇形弧状的卧室组合关系为老年人生成宽广的视野和单向视界，卧室类型为双人间和单人间。调研案例的卧室外部空间对老年人个体领域形成影响，具体表现为临界空间在整体空间内的位置形态和构成比例。临界空间由养老建筑内 S-PU 空间和 S-P 空间组成，养老建筑卧室空间外的 S-PU 空间和 S-P 空间主要承载了老年人个体领域内的生活行为。

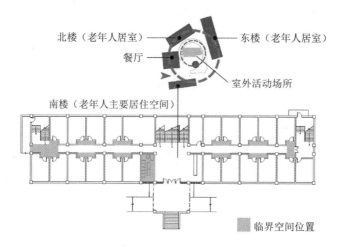

图 44 调研案例 DL02 南楼一层平面布局及临界空间位置示意

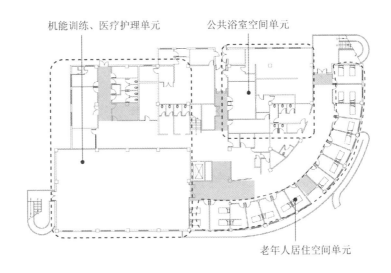

机能训练、医疗护理单元　　公共浴室空间单元

老年人居住空间单元

■ 临界空间位置

图 45 调研案例 JP06 二层平面布局及临界空间位置示意

机构型养老建筑内部空间可划分为私密空间（P空间）、半私密空间（S-P空间）、半公共空间（S-PU空间）和公共空间（PU空间）4种类型。机构型养老建筑内卧室空间的属性属于私密空间（P空间），卧室空间是老年人个体行为领域形成的主要空间，老年人可以根据自己的喜好和入住养老院之前的生活习惯对卧室空间进行布置。S-P空间内，老年人个体行为领域的形成场所通常在走廊端部的休息空间和公共浴室前的休息空间内。S-PU空间内，老年人个体行为领域的形成场所通常在共同生活空间和邻近电视机前的空间内。当养老建筑内的S-P空间和S-PU空间所占比率较少时，老年人个体行为领域会在邻近卧室的廊下空间和门厅空间等PU空间内形成。单人卧室空间的设置促进了老年人个体行为领域范围的扩大，扩展到单人卧室外门前的部分公共空间（PU空间），实现PU空间向半开放空间（S-PU空间）和半私密空间（S-P空间）的转化。

老年人群体之间的交往行为活动，会改变老年人个体行为领域的形成场所和范围的大小。调研案例DL02的门厅空间和案例JP06的老年人共同生活空间内3人以上群体交往行为活动发生前后时刻，实态记录老年人个体行为领域的形成。通过分析得出，如果已有个体行为领域的形成场所在养老建筑的PU空间内，老年人之间的群体交往行为会将已有个体行为领域形成的场所压缩到P空间周围邻近的S-PU空间、S-P空间以及老年人的卧室空间之中。但个体行为领域形成的比率变化幅度较小，原因是伴随老年人群体交往活动的产生，已有卧室内和PU空间内的部分老年人会加入群体交往活动之中，从而减少所在空间内个体行为领域的数量。通过调查发现，P空间内原有两人之间形成的小范围交往领域会分解并形成新的个体行为领域，进而对个体领域的数量进行了补充。

2. 老年人个体行为领域在卧室空间内的形成实态调查

卧室空间是机构型养老建筑内个体行为领域形成频率最高的空间场所，因此单独对卧室空间内的个体行为领域形成实态进行调查分析。私密性、个人空间、领域感以及拥挤感一直是养老建筑内老年人群居生活中最常见的影响因素。在满足老年人基本交往活动的情况下，老年人希望可以在自己的领域空间里做自己的事情，卧室空间为老年人提供了个体行为活动的建筑环境。一个理想的卧室空间环境使得老人拥有隐私及个人空间，且不会给老年人心理带来拥挤感。通过对养老建筑卧室空间内老年人生活实态的观察记录，分析养老建筑卧室空间内的生活物品要素、空间要素和老年人生活行为特征，进而总结出养老建筑卧室空间内老年人个体行为领域的形成特征和影响要素。

　　卧室空间内的环境要素主要是指老年人的生活物品要素，按照使用功能可以分为 10 类：寝具、收纳家具、整理物品、日用家具、梳洗物品、清洁扫除物品、身着物品、饮食、日用小物和饰品；按照老年人搬移物品的难易程度可分为两类，上述寝具和收纳家具属于老年人搬移困难的生活物品，剩余 8 类物品属于搬移容易的物品；按照所属关系，又可以分为设施基本生活物品和入住者的私人物品两类。对调研案例 DL02 和案例 JP06 两所养老建筑内共计 10 名入住老年人卧室空间内的生活物品要素配置情况进行了统计，卧室空间内生活物品要素的布置情况反映出老年人在入住养老设施前的生活状态，老年人通过生活物品要素的布置实现对卧室空间的认知和场所领域的控制。对不同种类生活物品要素之间的配置关系进行了归纳，记录整理相应卧室空间内老年人生活物品的配置情况，通过对养老建筑内卧室空间的实地调查，发现卧室内床、出入口和洗面台的位置关系直接影响了老年人对其他生活物品的摆放方式。

　　单人卧室和多人卧室建筑空间内，老年人个体行为领域的形成具有差异性，各类型卧室空间内老年人个体行为领域的形成主要依赖于家具等生活物品的摆放范围。绘制调研案例内单人卧室和多人卧室中老年人的家具和日常生活用品的摆放位置，可以发现单人卧室内家具的数量和覆盖空间大于多人卧室，单人卧室内入住老年人个体行为领域的范围相对较大。通过对居住者一天（9:00—17:00）的行为观察发现老年人在多人卧室空间内的活动时间大于单人卧室，个体领域主要集中在 P 空间内，在此期间老年人的行为活动模式多为个人行为。多人卧室内的老年人在 S-PU 空间和 S 空间内的个体行为领域形成频率较低。

　　对单人卧室和多人卧室建筑空间内形成的老年人个体行为领域特征进行了归纳总结，单人卧室的建筑空间属性为 P 空间，空间直接形成个体行为领域，老年人对空间的使用较自由，由墙体划分形成的个体行为领域的物理界限较强固，个体行为领域内外建筑空间之间表现为共存关系，在入住老年人有交往需求时允许领域外老年人进入，建筑空间大小和个体生活领域范围完全重合。多人卧室内利用轻质隔帘对建筑空间进行分割（图46），从而形成个体行为领域，在个体行为领域内按照老年人个体的行为生活习惯对家具等生活用品进行摆放，个体行为领域的大小直接限定了老年人生活物品摆放数量的多少。虽然由轻质隔帘划分形成的个体行为领域的物理界限较柔缓，但多人卧室内的个体行为领域的特征表现为拒绝其他共居老年人进入，个体行为领域之间表现为互斥关系，个人行为领域的范围和建筑空间之间表现为局部和整体的从属关系。

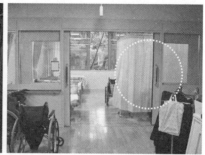

图46 多人卧室利用轻质隔帘创造老年人个人行为领域

3. 实地调研案例内老年人对空间私密性的认知控制及内在需求分析

老年人对机构型养老建筑空间私密性的认知控制及需求调查反映了老年人对私密性的内在心理需求特征，并以此为依据分析老年人个体行为领域在空间内的分布及形成原因，解释老年人对空间的选择性。通过问卷调查分析实地调研案例内老年人对空间私密性的认知控制及私密性内在心理需求特征，对调研数据进行整理，发现中日实地调研案例内入住老年人对空间私密性的认知控制及内在需求存在差异。

国内调研案例内入住老年人由于多为可以自理的健康型老年人，通过调研发现，有老年夫妇同时入住养老机构的情况，因此部分入住老年人群希望机构型养老建筑内设计双人间卧室。日本实地调研案例内的入住老年人多为生活需要照料的介护型老年人，调研案例内存在四人间卧室，护理人员对介护型老年人进行集中照料，但通过问卷调查分析发现，入住老年人对单人间的需求程度相对较高。当多人居住时，日本老年人对卧室空间的遮挡分隔以及个体行为领域的形成、私密性的内在心理需求高于国内老年人。

国内调研案例内的半私密空间（S-P空间）构成比率相对较低，引发老年人与来访亲友之间的私密性交往活动在卧室进行，部分老年人也会选择在走廊、大厅以及公共活动空间内展开来访亲友间的私密性交往活动。在空间设计时，应该考虑通过空间环境要素的布置对上述公共空间（PU空间）进行有效划分，以形成半私密空间（S-P空间），有效承载老年人与来访亲友之间的私密性交往活动。通过问卷调查发现，日本调研案例内的老年人除了选择在卧室内进行私密性的行为活动外，多选择在生活单元内的共享生活空间内展开具有私密性的亲友间交往行为活动。具有半私密属性的共享生活空间设计使得老年人对空间私密性的认知与控制性提高，老年人个体行为领域的形成与所属空间的属性相一致，上述半私密空间的设计经验值得借鉴。

在老年人对私密空间的认知与控制性调查方面，通过问卷调查发现，日本调研案例内入住老年人选择卧室外部的公共活动空间局部与共享生活空间的比率相对较高。其原因在于上述空间均通过环境要素的布置设计成灵活分隔、对视线进行部分遮挡的半私密空间，老年人对卧室外部私密空间的认知与控制性相对较好，个体行为领域的形成与所属空间的属性相一致。国内调研案例内，老年人对卧室外部空间私密性的认知与控制性相对较低，因此老年人个体行为领域在卧室外部的形成场所多分布在属性相斥的公共空间内。通过问卷调查发现，中日调研案例内的老年人均对卧室外部的转角空间、卧室与廊下空间之间、走廊尽端的空间私密性需求较高，因此应该考虑通过设计提高上述空间的私密性，满足老年人个体行为领域的形成需求，以及提高老年人对卧室外部空间私密性的认知与控制性。

（三）个体行为领域的形成对所属空间的反馈影响

在完成上述实地调研案例内的老年人个体行为领域的形成实态及特征的调查分析后，需要进一步分析交互过程第二阶段内的交互介质（行为领域）对其所属空间的反馈影响，从而完成交互主体对象（老年人）的行为对交互客体对象（建筑空间）的反馈影响的实证性研究。个体行为领域对所属空间固有属性及功能的反馈影响程度越高，说明已有建筑空间设计越无法满足老年人的私密性内在心理需求；反之，个体行为领域对所属空间固有属性及功能的反馈影响程度越低，则说明已有建筑空间设计越能够满足老年人的私密性内在心理需求。

通过老年人个体行为领域的场所分布与形成比率特征来评价其对所属空间的反馈影响程度，主要表现为具有私密性特征的老年人个体行为领域的形成对其所属空间固有属性与功能的反馈影响。本书第三章对交互客体对象（建筑空间）的属性进行了划分，其中私密空间（P空间）与半私密空间（S-P空间）在机构型养老建筑空间内的设计初衷即为满足老年人对私密性的内在需求。但是当私密空间（P空间）与半私密空间（S-P空间）不能有效承载老年人个体行为领域的时候，老年人将根据其对私密性的内在需求，在日常生活的居养空间环境内寻求个体行为领域形成的适宜场所。当老年人个体行为领域在公共空间（PU空间）与半公共空间（S-PU空间）内形成时，公共空间（PU空间）与半公共空间（S-PU空间）固有的公共交往空间属性与功能受到老年人个体行为领域的反馈影响将产生变化，表现为空间的公共性向私密性转化。因此，通过分析老年人个体行为领域在实地调研机构型养老建筑内的公共空间（PU空间）与半公共空间（S-PU空间）的场所分布与形成比率特征，来评价其对所属交互客体对象（建筑空间）的反馈影响程度。老年人个体行为领域在公共空间（PU空间）与半公共空间（S-PU空间）的形成比率越高，个体行为领域内的行为活动对所属空间固有属性与功能的反馈影响程度越大；同时说明原有私密空间（P空间）与半私密空间（S-P空间）的设计不能很好地承载老年人个体行为领域，原有空间设计未能满足老年人对于私密性的内在需求。通过分析调研案例DL02与案例JP06内老年人个体行为领域的场所分布与形成比率，来研究交互介质（行为领域）对所属空间固有公共交往属性与公共活动功能的反馈影响。

1. 调研案例 DL02 内个体行为领域的场所分布与形成比率对所属空间的反馈影响

个体行为领域没有具体的尺寸，个体行为领域的形成与否依据老年人个人所意识到的不同情境而改变，反映老年人心理上所需要的最小的空间范围，他人对个体行为领域的侵犯和干扰会引起个人的焦虑和不安。为了将这种具有心理学特征的抽象空间概念具象化，本书将调研案例建筑空间内的老年人个体行为领域统一用灰色圆形标识，圆形标记处即为形成个体行为领域时老年人在空间内的位置（图47）。不同类型的老年人对建筑空间的认知体验和利用方式不同，从而影响其个体行为领域形成的场所选择和范围大小。根据养老建筑内老年人对各空间的使用情况、移动范围、动线特征和行为发生场所的不同，可以将老年人进行归类，包括自立型、封闭群体型、开放群体型、室外活动型和封闭型。在调研案例 DL02 内抽取 5 名不同类型的老年人为研究对象，对 5 组个体行为领域的形成进行分析。案例 DL02 建筑内 5 组老年人的卧室外活动主要集中在门厅空间、走廊尽端的小空间和卧室门前的小空间内，由于在门厅空间的西侧设置了桌椅和沙发，这里也成为老年人活动的主要场所。通过对案例 DL02 不同生活行为状态的老年人在各属性建筑空间内的个体行为领域形成比率进行统计，从行为特征分析出：养老建筑内自立型和室外活动型老年人在卧室外部空间内对个体行为领域的形成心理需求较高，室外活动型老年人的个体行为领域通常在建筑外部的 PU 空间内形成；开放群体型老年人在卧室外的活动较多，但多为群体交往行为，个体行为领域伴随群体交往的产生而减少，其个体行为领域的持续时间相对较短，但形成频率较高；封闭群体型和封闭型老年人的个体行为领域主要集中在卧室内，观察对象的卧室邻近走廊尽端，该卧室内的封闭群体型老年人的卧室外活动也集中在走廊尽端的小空间内，当门厅空间内没有其他老年人活动时，封闭群体型老年人的个体行为领域会在门厅空间西北侧角落内形成。

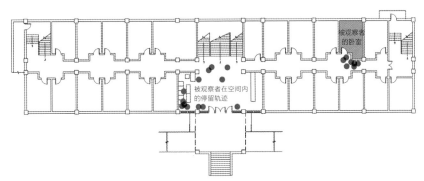

图 47 老年人个体行为领域

由于老年人个体行为领域的属性具有较高的个体私密性特征，伴随个体行为领域的形成，其所在空间的属性向私密性转化，即个体行为领域在某一空间内形成的比率越高，该空间的固有属性向私密性转化的程度越高。因此，老年人个体行为领域在公共空间（PU 空间）与半公共空间（S-PU 空间）内的形成比率越高，则说明个体行为领域对所属空间固有公共交往属性与公共活动功能的反馈影响程度相对越高。通过对上述不同类型老年人在空间内的个体行为领域的场所分布与形成比率的实态调查分析，可以得出：

在调研案例 DL02 内入住的 5 种类型老年人之间，个体行为领域的形成对所属公共空间（PU 空间）固有公共交往属性与公共活动功能的反馈影响程度由高到低的排序依次为：室外活动型老年人、开放群体型老年人、自立型老年人、封闭群体型老年人、封闭型老年人（以老年人个体行为领域在 PU 空间内的形成比率高低为评价标准）。

个体行为领域的形成对所属半公共空间（S-PU 空间）固有公共交往属性与公共活动功能的反馈影响程度由高到低的排序依次为：自立型老年人、开放群体型老年人、封闭群体型老年人、封闭型老年人、室外活动型老年人（以老年人个体行为领域在 S-PU 空间内的形成比率高低为评价标准）。

同时，由于机构型养老建筑内的公共空间（PU 空间）比半公共空间（S-PU 空间）的公共交往属性与公共活动功能要强，半公共空间（S-PU 空间）本身具有一定的私密性，如果同一类型入住老年人的个体行为领域在公共空间（PU 空间）内的形成比率大于其在半公共空间（S-PU 空间）内的形成比率，则说明该类型入住老年人个体行为领域的形成对整体建筑空间的公共交往属性与功能的反馈影响程度较大。通过实证调查发现，调研案例 DL02 内入住的 5 种类型老年人之间，个体行为领域的形成对整体建筑空间公共交往属性与公共活动功能的影响程度由高到低的排序依次为：室外活动型老年人、自立型老年人、开放群体型老年人、封闭群体型老年人、封闭型老年人（以老年人个体行为领域在 PU 空间与 S-PU 空间内的形成比率高低为评价标准）。

形成上述情况的原因在于调研案例 DL02 内缺乏半私密空间（S-P 空间）

的设计，在 4 种属性空间内半私密空间（S-P 空间）的构成比例仅占 2%。调研案例 DL02 内负责承载老年人个体行为领域的空间仅为私密性最强的卧室空间，空间属性构成设计仅考虑了封闭型老年人的个体行为活动（I-A）需求，忽略了不同类型老年人的个体行为领域内行为活动的多样性需求。个体行为领域内承载的动态行为活动类型包括个体行为活动（I-A）、亲友间群体行为活动（L-A）、目的性自发行为活动（G-A），同时，个体行为领域内承载的静态行为活动类型包括家具规定型与空间规定型，个体行为领域内承载的不同属性与类型的老年人行为活动需要对应空间属性的多样化与构成的合理性。而调研案例 DL02 内空间属性划分以将私密性空间（P 空间构成比例仅占 87%）设计为单一的卧室空间为主，室外活动型老年人、开放群体型老年人、自立型老年人出于私密性内在需求及其对应行为活动的多样性差异，不满足于单一封闭的卧室空间，而调研案例 DL02 内却缺乏半私密空间（S-P 空间）的设计。因此，个体行为领域对所属空间固有属性及功能的反馈影响程度相对较高，说明已有建筑空间设计无法满足老年人的私密性内在心理需求，老年人个体行为领域的形成场所向公共空间（PU 空间）与半公共空间（S-PU 空间）内发展。伴随老年人个体行为领域的形成，所属公共空间（PU 空间）与半公共空间（S-PU 空间）的固有公共交往属性与公共活动功能降低，其中老年人之间不同属性与类型的行为活动也会相互干扰，老年人行为活动之间的秩序性因此降低。

2. 调研案例 JP06 内个体行为领域的场所分布与形成比率对所属空间的反馈影响

在调研案例 JP06 内抽取 5 名不同类型的老年人为研究对象，对 5 组老年人个体行为领域在不同属性空间内的场所分布与形成比率进行调查分析。通过对案例 JP06 不同类型的老年人在各属性建筑空间内的个体行为领域形成频率进行统计，从行为特征分析出：自立型老年人会根据自己的需求对各属性空间进行选择利用。由于观察对象的卧室邻近共同生活空间，老年人的个体行为领域主要集中在卧室和护士站之间的 S-PU 空间内。开放群体型老年人对建筑空间的利用率较高，其个体行为领域形成的范围相对较大，但个体行为领域持续时间相对较短，开放群体型老年人之间的交往行为活动也是影响其他类型老年人个体行为领域形成的主要素素。封闭群体型老年人的个体行为领域主要集中在机能训练室前的小空间内，封闭型老年人的个体行为领域在卧室外部空间的形成比率较高。室外活动型老年人的个体行为领域的形成比率和封闭群体型老年人相近，卧室外部空间内的个体行为领域主要在半私密空间（S-P空间）与半公共空间（S-PU空间）内形成。

通过对上述不同类型老年人在空间内的个体行为领域的场所分布与形成比率的实态调查分析，在调研案例JP06内入住的5种类型老年人之间，以老年人个体行为领域在公共空间（PU空间）与半公共空间（S-PU空间）内的形成比率越高，则说明个体行为领域对所属空间固有公共交往属性与公共活动功能的反馈影响程度相对越高作为评价标准，通过对实地调研数据的分析整理得出：

调研案例JP06内老年人个体行为领域的形成对所属公共空间（PU空间）固有公共交往属性与公共活动功能的反馈影响程度由高到低的排序依次为：开放群体型老年人、室外活动型老年人、封闭群体型老年人、自立型老年人、封闭型老年人（以老年人个体行为领域在PU空间内的形成比率高低为评价标准）。

个体行为领域的形成对所属半公共空间（S-PU空间）固有公共交往属性与公共活动功能的反馈影响程度由高到低的排序依次为：封闭群体型老年人、室外活动型老年人、自立型老年人、封闭型老年人、开放群体型老年人（以老年人个体行为领域在S-PU空间内的形成比率高低为评价标准）。

同时，同一类型入住老年人的个体行为领域在公共空间（PU空间）内的形成比率大于其在半公共空间（S-PU空间）内的形成比率，则说明该类型入住老年人个体行为领域的形成对整体建筑空间的公共交往属性与功能的反馈影响程度较大。通过实证调查发现，调研案例JP06内入住的5种类型老年人之间，个体行为领域的形成对整体建筑空间公共交往属性与公共活动功能的反馈影响程度由高到低的排序依次为：开放群体型老年人、室外活动型老年人、封闭群体型老年人、自立型老年人、封闭型老年人（以老年人个体行为领域在PU空间与S-PU空间内的形成比率高低为评价标准）。

形成上述情况的原因在于案例JP06的空间设计为入住老年人创造了

自由丰富的活动空间，不同类型的老年人可以根据自己的行为习惯对活动空间进行选择，老年人在卧室外部空间内的活动范围相对较大。对比案例DL06，案例JP06内5种类型入住老年人的个体行为领域在卧室外部空间内的形成比率相对较高，可以看出由于案例JP06内半私密空间（S-P空间）的构成比率提高，老年人个体行为领域在S-P空间内的形成比率明显提高，同时个体行为领域在公共空间（PU空间）与半公共空间（S-PU空间）的形成比率明显降低。老年人个体行为领域的形成对公共空间（PU空间）与半公共空间（S-PU空间）的固有公共交往属性与公共活动功能的反馈影响程度降低，原因在于案例JP06内丰富的半私密空间（S-P空间）设计满足了老年人在卧室空间外的内在私密性需求，同时满足了不同类型老年人的个体行为领域内承载的动态行为活动类型——亲友间群体行为活动（L-A）、目的性自发行为活动（G-A），以及静态行为活动类型——家具规定型与空间规定型的需求。上述不同属性与类型的老年人行为活动之间具有相对较好的秩序性，同时，案例JP06内具有丰富形态的半私密空间（S-P空间）设计，也有效提高了封闭型老年人在卧室外部空间内的活动频率，提高了其对居养空间的选择性。因此，个体行为领域对所属空间固有属性及功能的反馈影响程度相对较低，说明已有建筑空间设计满足老年人的私密性内在心理需求。

三、老年人群簇行为领域特征

（一）群簇行为领域和交往心理需求

1. 老年人的交往心理需求

老年人的交往形式包括：亲密性交往，指发生在最熟悉的朋友和亲属之间的交往，互相间彼此认同；必要性交往，指那些很少受到物质构成的影响，在任何空间条件下都需要发生交往的形式；自发性交往，指那些只有在环境条件适宜、空间具有吸引力时才会发生的交往形式；社会性交往，指在公共空间中有赖于他人参加的各种活动。

2. 老年人的群簇交往与群簇行为领域

区别于生态心理学中的传统领域概念，本章阐述的群簇行为领域概念注重养老建筑空间环境和入住老年人之间的交互关系问题，群簇交往的发生将建筑空间和人联系起来完成交互过程，从而在养老建筑内形成群簇行为领域（图48）。

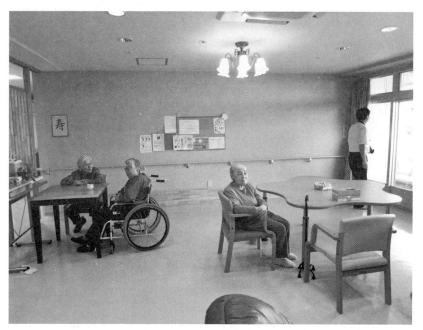

图48 老年人的群簇交往与群簇行为领域

（二）群簇行为领域的形成实态与特征调查

1. 群簇交往人群的特征调查分析

首先需要对调研案例内形成群簇行为领域的群簇交往人群进行调查分析，通过对实地调研机构型养老建筑内群簇交往人群的观察记录可知，老年人的群簇交往发生场所包括卧室空间、共同生活空间、公共谈话室、机能训练室、廊下空间和组团单元外的公共休息空间。行为观察当日案例JP01、案例JP08内未有老年人的亲友访问，不同的群簇交往发生场所内的交流主体也存在差异。在卧室空间内的群簇交往人群可以分为老年人之间、老年人和亲属之间以及护工和老年人之间3种对象类型，卧室空间外的群簇交往人群可以分为老年人之间、老年人和亲属之间、老年人和非亲属来访者之间以及护工和老年人之间 4 种对象类型，机构型养老建筑内不同群簇交往人群之间的群簇交往方式又可以分为短暂交往和持续交往两类。

　　卧室空间内的群簇交往以护工和老年人之间的交往为主，护工与老年人进行会话沟通以实现介护相关服务的完成，例如如厕、入浴、翻身、按摩等。共同生活空间内的交流以老年人之间的群簇交往为主，护工和老年人的交往主要发生在老年人就餐时的开敞式烹饪台周围的空间。调研案例 DL07、案例 SY01 和案例 JP08 内部分老年人的机能恢复训练也在共同生活空间内进行，这时就出现了护工与多名老年人的群簇交往。机能训练室内的群簇交往主要发生在护工和老年人之间，通过行为观察发现在老年人进行机能康复的同时也有少量老年人之间进行彼此的会话指导。廊下空间内的群簇交往多发生在一对一的护工和老年人之间，因为护工需要在廊下空间对老年人进行下肢行走机能的康复训练，老年人之间在廊下空间内的群簇交往发生频率较低。公共谈话室和组团单元外的公共休息空间内的群簇交往主要集中在老年人和探望亲属之间，护工和老年人之间的交流行为只在老年人和亲属间的会话结束后发生。同一组团空间内卧室的远近也影响老年人之间的群簇交往，通过调查记录分析出老年人彼此交流频繁的群体人数在 3 ~ 4 人，并且彼此之间的卧室相邻。同一生活单元内彼此交往频繁的老年人群，会和成员内的非亲友来访者之间产生问候行为，部分老年人和非亲友来访者之间产生持续的会话交流行为，卧室距离较远的老年人之间在公共洗涤室前的小空间和廊下空间相遇时会彼此产生问候行为。老年人的群簇交往主要发生在生活单元空间之内，生活单元外部、生活单元之间老年人的群簇交往的发生频率较低。例如案例 DL07 建筑内生活单元 2F-U1 和 2F-U2 之间的南侧走廊空间相连，引发两个生活单元连接处居住的老年人之间产生群簇交往，但生活单元之间的老年人群簇交往频率明显低于生活单元之内。案例 SY01 和案例 JP08 行为观察建筑层内老年人的群簇交往集中在各自独立的生活单元内，原因是各生活单元空间彼此独立对称布局，且老年人的机能康复训练和就餐均在各自的生活单元内的共同生活空间展开，不同生活单元之间没有发生老年人之间的群簇交往。在建筑和人交互关系的作用下相近的建筑空间形态引发老年人群簇交往具有相似的特征，案例 JP07 行为观察建筑层的空间布局与其他 3 个案例具有较大差异，建筑空间由两个老年人生活单元空间和一个介护医疗单元空间围绕中庭空间布置，案例 JP01 内 2F-U1 和 2F-U2 的老年人在需要洗浴介护、机能康复训练和医疗介护服务时，在介护医疗单元空间由护工集体组织开展相关介护服务，这就促使不同生活单元内的入住老年人之间产生群簇交往，案例 JP01 不同生活单元内群簇交往人群的点状分布较密集。下文将对群簇交往人群形成的群簇行为领域进行实态调查分析。

2．实地调研案例内老年人对空间交往性的认知控制及内在需求分析

老年人对机构型养老建筑空间交往性的认知控制及需求调查反映了老年人的内在交往心理需求特征，并以此为依据分析老年人群簇行为领域在空间内的分布及形成原因，解释老年人对空间的选择性。通过对调研数据的整理发现，中日实地调研案例内入住老年人对空间交往性的认知控制及内在需求存在差异。

通过问卷调查发现，国内调研案例内的老年人会选择在建筑入口处的门厅空间内进行群簇交往活动，这里也是群簇行为领域形成的场所。通过分析可以看出其原因在于国内调研案例内的公共交往空间通常对活动功能严格划分、采用封闭式设计，老年人彼此之间的自主交流受到限制，老年人会自主选择开放性相对较好的门厅空间进行交流活动，但其间会受不同人群动线交叉的干扰，应该考虑将门厅空间的局部空间设计成满足老年人交往需求的小型空间。同时，通过对门厅空间内环境要素布置方面的调查发现，国内调研案例内老年人对能够满足交往需求的各种家具要素的需求度要高于日本老年人。通过调查问卷发现，其不会选择人群活动频繁的门厅空间进行交往活动，原因在于生活单元内设计有开放型的共享生活空间满足老年人的群簇交往需求。

国内部分调研案例（例如案例 DL07）内的公共活动空间构成比率基本接近居住空间，甚至高于国外调研案例内的公共活动空间构成比率，但通过对调查问卷数据的整理却发现，国内调研案例内老年人普遍认为公共交往空间不够用、不能满足其群簇交往需求。其原因在于公共交往空间普遍采用封闭性设计，公共活动空间集中设计在建筑一层，导致居住在建筑各层的老年

人交往活动时动线距离延长，且空间尺度过大给老年人心理带来不适感，导致空间使用率降低，说明老年人对建筑内已有交往空间的认知与控制性相对较低，群簇行为领域的形成与所属空间的属性、功能相斥。日本调研案例内老年人认为交往空间的面积构成较适宜，原因在于公共交往空间采用分散、开放式设计，空间的灵活、高效组织提高了空间的使用率，老年人对建筑内已有交往空间的认知与控制性相对较高，群簇行为领域的形成与所属空间的属性、功能相一致。

在对公共交往空间功能的需求调查方面，日本调研案例内的老年人对交往空间具有居家生活氛围、日常起居功能的需求较高，国内调研案例内的老年人则对空间娱乐性的需求较高。针对老年人交往需求的不同采用对应空间功能设计，但不宜采用封闭式的空间功能划分，避免限制老年人之间的交往自主性。在对公共交往空间形式的调查方面，国内外调研案例内的老年人均希望交往空间分层、分散、开放式设计。在对公共交往空间所处位置的调查方面，国内调研案例内的老年人表现出在门厅空间内设计交往空间的需求倾向，国内外调研案例内的老年人均希望在廊下空间内设计交往空间。

3. 老年人群簇行为领域的形成实态调查分析

在上述群簇交往人群特征的研究基础上，抽取调研案例 JP08 为例，对其入住老年人的群簇行为领域的形成实态进行调查分析。

（1）调研案例空间构成特征和调查过程

调研案例 JP08 是由单人卧室构成的机构型养老建筑，建筑空间构成形态属于手钥型，空间构成整体由东、西各 9 ~ 10 间卧室组团形成两个独立的基本生活单元，每个生活单元内以老年人共同生活空间为轴心展开，生活单元之间通过护工职员室和垂直交通单元连接。建筑平面北侧配备公共浴室空间、公共洗衣间等附属空间，保健室、机能训练室和日间照料空间布置在建筑一层平面的北侧，建筑南向均布置老年人卧室，建筑平面布局如图 49 所示。养老建筑内居养老年人数为 42 人（包括日托老年人 3 人），身体健康状态相近的老年人群被安排居住在共同的生活单元内。实地调查分为两期共计 4 天：第一期调查时间为 2014 年 7 月 10 日，调查内容为采集建筑相关基础资料，如获取建筑平面图、对工作人员进行访谈调查、发放问卷、对建筑内各空间进行图像采集，记录整理调研养老设施的建造时间、建筑面积、床位、老年人入住人数、养护内容、设施利用状况等基本信息；第二期调查内容为养老设施二层平面内老年人行为观察和记录，调查分3天进行，观察时间为全天7:00—19:00，在此期间以10分钟为间隔观察建筑各公共空间内老年人的行为内容和周边情况，并且在平面图的相应位置进行记录。

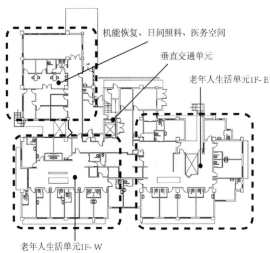

机能恢复、日间照料、医务空间

垂直交通单元

老年人生活单元1F-E

老年人生活单元1F-W

案例 JP08 建筑一层平面图

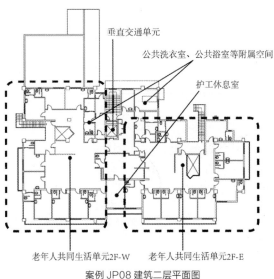

垂直交通单元

公共洗衣室、公共浴室等附属空间

护工休息室

老年人共同生活单元2F-W   老年人共同生活单元2F-E

案例 JP08 建筑二层平面图

图 49 调研案例 JP08 建筑空间构成

（2）卧室位置对老年人群簇行为领域形成的影响调查分析

　　群簇行为领域没有具体的尺寸，领域大小、范围依据老年人群所意识到的不同情境而改变，反映老年人群簇心理上所需要的空间范围。为了将这种具有心理学特征的抽象空间概念具象化，本书将群簇行为领域统一使用灰色圆形标识，圆形大小根据群簇行为领域内老年人群的行为活动范围确定。调研案例 JP08 内老年人群簇交往行为产生的领域和卧室位置的关系（图50），通过访谈调查得知，养老建筑二层平面西侧区域内相邻卧室 W·R1 和卧室 W·R2 的老年人在入住该养老建筑之前的居住地相同。由于具有相似的居住背景和生活经验，卧室 W·R1 和 W·R2 的老年人平时的交往行为发生的频率较高，进而形成群簇行为领域 U1。之后入住的老年人具有相同出生地，因此被安排居住在领域 U1 邻近的卧室 W·R3。领域 U1 所覆盖的建筑空间内老年人的数量增加，老年人交往行为发生的频率相应提高，进而建筑环境和老年人行为产生的交互关系使得领域 U1 的范围得以扩大。因此，相邻卧室的老年人之间通过交往行为可以形成各自的群簇行为领域，例如调研案例 JP08 中的领域 U2、U3 和 U7。非相邻卧室内居住的老年人之间也可以形成同一群簇行为领域，例如领域 U4 和 U5。领域 U3 内的群簇成员包括卧室 W·R7、W·R8 和 W·R9 内居住的老年人，从平面布局可以看出卧室 W·R9 邻近衣物洗涤室，虽然卧室 W·R6 和 W·R9 距离较远，但通过行为观察和访谈得知居住在卧室 W·R6 内的老年人在洗涤衣物时经常与卧室 W·R9 的老年人产生交流行为，从而促使养老建筑内非邻近卧室之间老年人进入相同的群簇行为领域。领域 U5 内的群簇成员包括卧室 E·R1、E·R2、E·R5 和 E·R10 内居住的老年人，其中只有卧室 E·R1 和 E·R2 毗邻，其余卧室均分散布置在建筑东侧区域。通过调查发现 4 间卧室内的老年人包括 3 名男性老人，并且这 3 名男性老人的卧室均距离较远（E·R2、E·R5 和 E·R10），其邻近卧室均为异性老人，因此相同的性别也是形成同一群簇行为领域的因素之一。通过调查，案例 JP08 建筑东西两侧卧室内居住的老年人没有交叉形成群簇行为领域。

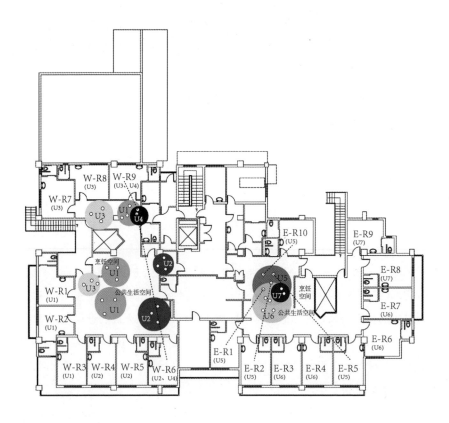

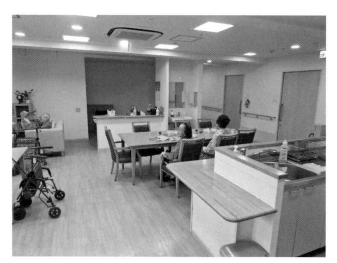

图 50 调研案例 JP08 内老年人群簇交往产生的领域范围

（3）介护相关行为对老年人群簇行为领域形成的影响调查分析

由于调研案例 JP08 西侧入住老年人的健康状况较好，需要介护的程度较低，能够以较为稳定的情绪停留在自己的卧室内，因此老年人的移动频率较低，并且通过访问调查得知该区域的老年人出生地或入住之前的居住地相同。案例 JP08 东侧的入住者为介护程度较高的老年人，对应的介护相关行为的发生频率较高，例如在共同生活空间内老年人由护工集中带领进行的上肢机能恢复的训练，以及个人下肢行动动力康复的训练等，致使建筑西侧的组团生活单元内老年人的移动频率要高于东侧。由于老年人身体状况的差异，案例 JP08 东侧居住的老年人在一天内机能康复相关行为活动的比率大于西侧，在护工的看护下，相对应老年人之间的交往行为增加，建筑东侧形成的老年人群簇行为领域的范围大于西侧，并且具有集中性。

通过行为观察得出建筑东侧共形成 3 处老年人群簇行为领域 U5 、U6 和 U7：领域 U5 由居住在卧室 E·R1、E·R2、E·R5 和 E·R10 内的 4 名老年人组成；领域 U6 由居住在卧室 E·R3、E·R4、E·R6 和 E·R7 内的 4 名老年人组成；而领域 U7 内 E·R8 和 E·R9 的两名老年人由于身体健康状况较差，介护等级较高，需要护工集中看护。相比之下，建筑西侧居住的老年人身体较为健康，在自发交往行为下形成分散和小范围的群簇行为领域 U1、U2、U3 和 U4，并且每一个群簇行为领域内的老人人数均在 4 人以下。

（三）群簇行为领域的形成对所属空间的反馈影响

生态知觉理论中通过共振的程度来定量描述环境行为之间交互关系的等级差别，相关理论研究表明人对所处空间环境信息的拾取需要一个认知系统而不是一种感觉，这个系统可以探索、调查、调整、优化、共振、抽取并达到平衡。在拾取信息的过程中有一个过程是"共振"，如果人和环境中的信息能协调，那么就会拾取这些信息，这就说明环境行为的交互关系具有等级，可以通过环境与行为共振的程度来衡量交互关系的等级差别。结合上述理论研究可知，养老建筑内老年人群簇行为领域与建筑内已有交往空间的重叠程度反映了养老建筑空间环境交互作用的强弱，即空间环境和老年人行为领域之间共振的程度，也是量度交互过程中老年人群簇行为领域的形成对所属空间的反馈影响程度。老年人群簇行为领域的形成反映了在养老建筑空间内老年人交往生活的实态，因此这一研究角度是从老年人日常行为关系出发，来分析建筑空间的实际利用情况。建筑平面内的交往空间，是建筑师通过设计经验从建筑平面构成形态出发所创造出的一种符合老年人的交往行为尺度、满足老年人内在交往需求的建筑空间环境。而机构型养老建筑内群簇行为领域与建筑平面内交往空间的重叠，可以将建筑师的设计预想和建筑空间的利用实态相联系。因此，交互过程中行为对建筑空间的反馈影响强弱（群簇行为领域的形成对所属空间的反馈影响程度），可以通过群簇行为领域与平面内交往空间的重叠程度进行量化评价（图51）。

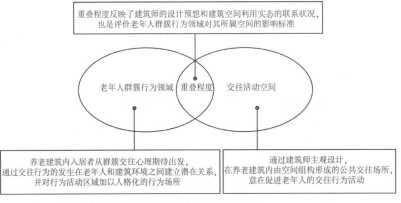

图 51 老年人群簇行为领域对所属空间反馈影响程度的评价标准

群簇行为领域与所属交往空间的重叠频率越高，则说明建筑师对于交往空间的设计越能满足老年人的内在群簇交往需求。老年人群簇行为领域内承载的行为活动 [动态行为活动类型包括亲友间群体行为活动（L-A）、非目的性产生的聚集（N-A）、被动性的行为活动（P-A）与偶发的交流行为（O-A）；静态行为活动类型包括家具规定型与对象规定型]与所属空间环境形成共振，因此群簇行为领域对所属空间的固有属性与功能的反馈影响程度较低。如果老年人群簇行为领域与所属交往空间的重叠频率较低，则说明建筑师对于交往空间的设计无法满足老年人的内在群簇交往需求，原有交往空间的设计与老年人的实际使用存在偏差，引发老年人群簇行为领域在其他属性空间内形成，出现行为领域属性与其所属空间属性相斥的状况，群簇行为领域的形成对所属空间的固有属性与功能的反馈影响程度较高。这里将结合实地调研，以群簇行为领域与平面内交往空间的重叠程度作为标准量化评价老年人群簇行为领域对所属空间的反馈影响程度。另外，由于群簇行为领域的形成主体为机构型养老建筑内的老年人群或老年人与护工、亲友之间的交往群体，因此在分析群簇行为领域对所属空间的反馈影响时，无法对各类型入居老年人进行独立分析，这与分析老年人个体行为领域对所属空间的反馈影响存在差异。

1. 调研机构型养老建筑平面内交往活动空间的位置

通过调查发现案例 JP08 的建筑东西两侧卧室内居住的老年人没有交叉形成群簇行为领域，其原因在于养老建筑平面内交往空间的位置。从整体角度分析可知，案例 JP08 的建筑空间通过卧室的组团布置形成共同生活空间，这就在建筑平面整体上存在两个宏观意义的交往空间。同时，公共生活空间经过家具的布置可以细分为公共烹饪厨房的邻近空间、就餐空间和电视机前的空间这 3 个彼此联系的次级交往空间，以及靠近天井的休息空间成为独立的次级交往空间，在玄关处、洗涤室前的小空间也构成了建筑公共生活空间周围局部分散的次级交往空间。半围合的小空间是否构成次级交往空间取决于小空间内是否根据设计师的要求布置有桌椅等家具以便老年人交流时使用，但在建筑东、西空间的连接部分没有进行很好的空间过渡设计，可能是考虑到东西两侧建筑空间内入住老年人的介护等级的差异，此处没有交往空间的存在，也就促使东西两侧老年人之间没有形成交叉的群簇行为领域。

2. 调研案例内群簇行为领域的场所分布与形成频率

通过调研案例 JP08 内老年人群簇行为领域形成频率和所在位置可知，领域 U1 内 3 名老年人之间群簇交往的发生场所包括：养老建筑西侧的共同生活空间内的开敞式厨房操作台周边区域、就餐区和洗涤室前的公共空间；领域U2内的3名老年人之间群簇交往的发生场所主要集中在电视机前的区域和玄关前等候空间；领域U3内的3名老年人之间群簇交往的发生场所是共同生活空间的周边区域和靠近卧室的邻近空间；领域U4内的两名老年人之间群簇交往的发生场所是洗涤室前的公共空间；养老建筑东侧的群簇行为领域U5和U6的形成主要集中在共同生活空间内，因为根据介护要求需要护工集中看护该领域内的老年人进行就餐、娱乐活动和机能康复训练等，领域U5也在洗涤室前的空间形成；领域U7内的两名介护等级较高的老年人的行为发生主要集中在共同生活空间内的就餐区。以上所述老年人的行为发生场所也是群簇行为领域形成的场所，对比发现建筑西侧居住的老年人的群簇行为领域形成场所分散，东侧居住的老年人群簇行为领域形成的场所相对集中在共同生活空间之内，但两者均以共同生活空间为主要的形成区域，分析得出养老建筑卧室组团形成的共同生活空间成为老年人群簇行为领域形成的轴心。

通过行为观察记录和对老年人群簇行为领域形成频率的计算得出，案例JP08西侧的老年人群簇行为领域形成频率高于东侧，其主要原因在于老年人介护等级的不同和接受的介护服务形式存在差异。建筑西侧入住老年人的身体健康状况良好，排除一天内在老年人需要进行的集中机能训练时形成的群簇行为领域，老年人之间也通过交谈、结伴制作茶点、观看电视、洗涤衣物等行为自发地促进群簇行为领域的形成。建筑东侧的老年人需要集中看护，看护训练中产生的群簇行为领域成为影响形成频率的主要因素，虽然通过调查发现东侧老年人的移动量高于西侧，但由于东侧老年人在行走训练时均需要在护工单独帮助下完成，老年人之间的交流减少导致降低群簇行为领域形成频率。建筑西侧老年人在进行下肢行走训练时，多为一名护工看护两人结伴进行，也有在群簇行为领域内老年人自发进行的短时间机能恢复活动。另外，调查对象老年人出生地的异同、入住前的生活背景、性别差异、洗涤室和公共浴室周围的休息小空间等因素也影响群簇行为领域形成频率高低。

3. 调研案例JP08内老年人群簇行为领域的形成对所属空间的反馈影响分析

通过调查老年人群簇行为领域与平面内交往空间的重叠状况来分析调研案例JP08内的群簇行为领域对其所属空间的影响，以及案例JP08公共空间

内的老年人群簇行为领域和交往空间的重叠情况。从宏观角度分析可知，案
例JP08东侧建筑空间内交往空间和老年人群簇行为领域的重叠程度比西侧
要高，群簇行为领域的现场对案例JP08东侧建筑空间的反馈影响相对较低，
而建筑西侧小空间形成的次级交往空间和自发性、小范围群簇行为领域的重
叠程度比东侧要高。机构型养老建筑内的公共浴室、衣物洗涤间前的休息空
间较好地满足了老年人交往行为的发生和群簇行为领域的形成，玄关前等候
空间的设计、家具的布置和墙面的装饰也为小而分散的自发性群簇行为领域
提供了建筑小环境（图52）。对比机构型养老建筑内的共同生活空间周围
的相邻小空间，这些建筑空间内交往空间和群簇行为领域的重叠程度也较高。
因此，建筑西侧的空间设计应该根据实际调查中群簇行为领域的形成场所，
将共同生活空间布置分割成灵活、富有变化的空间系列，以此在建筑空间内
创造更多的交往空间，满足老年人群簇行为领域的形成及其和交往空间的契
合，避免建筑空间形态的现状将老年人交往行为产生的群簇行为领域压缩到
共同生活空间周围的角落空间，有效降低群簇行为领域的形成对私密性较高

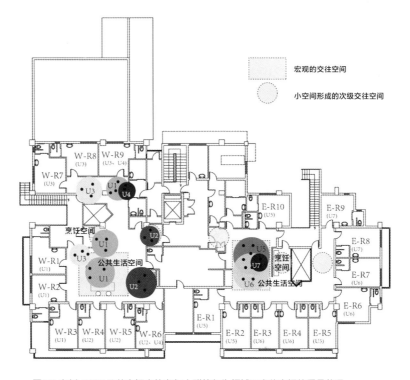

图52 案例JP08公共空间内的老年人群簇行为领域和交往空间的重叠状况

的空间场所的反馈影响。由于开敞式烹饪厨房空间和公共生活空间之间容易形成群簇行为领域，且与交往空间的重叠程度较高，但群簇行为领域之间的重叠较多，因此可以适当扩大该空间适用范围，实现空间的共享。由于集体介护服务的要求，建筑东侧的空间促使老年人群簇行为领域的形成和建筑平面内交往空间的位置高度契合，老年人公共生活空间形态较好地满足了此处入住老年人的机能、心理需求以及实际使用要求，群簇行为领域的形成对所属建筑空间的反馈影响相对较低，为建筑空间环境和老年人群簇交往的发生创造了较好的交互作用关系。

4．中日实地调研案例内群簇行为领域的形成对所属空间的反馈影响差异

结合调研案例 JP08 内老年人群簇行为领域的相关研究基础，对案例 DL07、案例 SY01 和案例 JP01 这 3 所机构型养老建筑内的群簇行为领域的形成特征、场所分布和发生频率进行量化研究，通过调查老年人群簇行为领域与平面内交往空间的重叠状况，来进一步分析调研案例内的群簇行为领域对其所属空间的反馈影响程度。

在国内实地调研案例的调查分析方面，从建筑平面图中提取出老年人居住空间和公共空间，分析其中群簇行为领域的形成场所、居住单元和建筑内交往空间的交互关系。案例 DL07 内老年人群簇行为领域的形成场所主要集中在天井东西两侧的共同生活空间内，由于建筑北侧主要为机能训练空间和活动室，老年人常在邻近的廊下空间内停留产生交往行为，相应形成群簇行为领域。建筑东侧走廊尽端的小空间内设置有沙发和植物盆景，该空间中形成两人以内的群簇行为领域。案例 DL07 的空间构成形态为扇状围合型，围绕天井设计的共享空间成为该养老建筑内的交往空间。案例 DL07 内老年人群簇行为领域和交往空间的重叠度较高，交往空间的设计有效满足了入住老年人内在的群簇交往需求，老年人群对于现有交往空间的实际利用与建筑师的设计预想产生较好地契合，群簇行为领域的形成对其所属空间的反馈影响较低。案例 SY01 的空间构成形态为手钥型，建筑东北侧转折处的交往空间成为该养老建筑内的交往空间，这里也是老年人群簇行为领域的主要形成场所。建筑西侧和南侧走廊尽端的小空间内没有设置座椅，不构成建筑内的次级交往空间，但也有部分老年人群簇行为领域在该空间内形成，此处空间功能受到老年人群簇行为领域的形成影响而发生变化。建筑西侧和南侧走廊尽

端的小空间内老年人群簇行为领域的形成对其所属空间固有功能的反馈影响相对较强。案例 SY01 内设计有集中型公共浴室，当入浴人数较多时，浴室外的廊下空间内群簇行为领域的形成频率较高。由于受到建筑空间形态的影响，案例 SY01 内形成群簇行为领域的空间类型相对较少。

在日本实地调研案例的调查分析方面，案例 JP01 的空间构成形态为围合型，丰富的空间布局使得在建筑各个方向均设计有提供老年人交往的空间，老年人群簇行为领域的形成场所也较均匀地分布在建筑各个空间。走廊尽端的小空间内均设置有座椅，北侧和西侧走廊尽端的小空间内布置有电视机，因而构成建筑内的次级交往空间，但也有部分老年人群簇行为领域在该空间内形成。建筑北侧设计有机能训练空间，邻近的廊下空间内群簇行为领域的形成频率较高。建筑东北角电梯前的休息等候空间内布置有沙发，但由于人流量较大，对老年人的交往产生干扰，因此该空间内未形成群簇行为领域。案例 JP01 内形成群簇行为领域的空间类型相对较多，已有空间设计满足老年人的内在群簇交往需求，群簇行为领域与交往空间的重叠度较高，行为领域的属性与所属空间的固有属性及功能相互契合，因此群簇行为领域的形成对其所属空间的反馈影响相对较低。案例 JP08 内老年人群簇领域和建筑空间形态的交互关系在前文已做详细论述。

上述 4 所机构型养老建筑内案例 DL07、案例 JP01、案例 JP08 的老年人共同生活空间及其邻近空间内的群簇行为领域形成频率相对较高，群簇行为领域和交往空间的重叠程度相对较高，老年人群簇行为领域的形成对其所属空间的固有属性及功能的反馈影响相对较低，说明已有建筑空间设计较好地满足了老年人的内在交往心理需求。案例 SY01 内的老年人群簇行为领域和交往空间的重叠程度相对较低，群簇行为领域的形成对其所属空间的固有属性及功能的反馈影响相对较强，说明已有建筑空间设计不能满足老年人的内在交往心理需求。同时，案例 SY01 建筑西侧和南侧走廊尽端的小空间内，以及案例 JP01 老年人机能训练室前的廊下空间内会产生老年人群的聚集，建议设计休息空间或布置桌椅等家具形成建筑内的次级交往空间，更好地承载老年人之间的群簇交往行为，从而有效避免老年人行为领域的形成与其所属空间的固有属性及功能相斥，影响空间的使用效率。

交互过程的反馈阶段表现为交互主体对象（老年人）的行为对交互客体对象（建筑空间）的反馈影响。由于行为对空间的反馈影响过程较为抽象，本章利用交互过程触发阶段内交互介质（行为领域）的形成特征分析，对行为反馈影响空间的抽象过程进行具象化描述。老年人对空间的利用具有选择权与自动的理性规范，同时老年人的行为会受到内在需求以及周围类似行为的影响而产生类化作用，在内在心理需求引导下的行为活动在建筑空间内形成具有人格化的交互介质（行为领域），从而反馈影响所属空间的固有属性与功能。应该通过对交互介质（行为领域）的设计有效降低其对所属空间固有属性与功能的反馈影响程度，使得行为领域与所属空间的属性相契合，满足老年人的内在心理需求。

① 老年人个体行为领域的场所分布与形成比率特征用以评价其对所属空间的反馈影响程度。机构型养老建筑空间内的私密空间（P空间）与半私密空间（S-P空间）不能有效承载老年人个体行为领域的时候，老年人将根据其对私密性的内在需求，在日常生活的居养空间环境内寻求个体行为领域形成的适宜场所。当老年人个体行为领域在公共空间（PU空间）与半公共空间（S-PU空间）内形成时，PU空间与S-PU空间固有的公共交往属性与功能受到老年人个体行为领域的影响将产生变化，表现为空间的公共性向私密性转化，因此，老年人个体行为领域在PU空间与S-PU空间的形成比率越高，个体行为领域内的行为活动对所属空间固有属性与功能的反馈影响程度则越大。同时，结合本章对实地调研案例内个体行为领域的形成特征分析，归纳总结个体行为领域的形成对其所属空间的反馈影响以及对应设计建议。

② 老年人群簇行为领域与机构型养老建筑内已有交往空间的重叠程度反映了空间环境和老年人行为领域之间共振的程度，也量度了交互过程中群簇行为领域的形成对所属空间的反馈影响程度。群簇行为领域与所属交往空间的重叠频率较高，则说明建筑师对于交往空间的设计能够满足老年人的内在群簇交往需求，群簇行为领域内承载的行为活动与所属空间环境形成"共振"，因此群簇行为领域对所属空间的固有属性与功能的反馈影响程度较低。如果群簇行为领域与所属交往空间的重叠频率较低，则说明建筑师对于交往空间的设计无法满足老年人的内在群簇交往需求，原有交往空间的设计与老年人的实际使用存在偏差，引发群簇行为领域在其他属性空间内形成，出现行为领域属性与其所属空间属性相斥的状况，群簇行为领域的形成对所属空间的固有属性与功能的反馈影响程度较高。同时，结合本章对实地调研案例内群簇行为领域的形成特征分析，归纳总结群簇行为领域的形成对其所属空间的反馈影响以及对应设计建议。

第五章

养老建筑空间与老年人行为的交互设计模式与策略

第一节　空间与行为交互设计依据

一、以营造良好的交互关系作为"空间行为交互设计策略"建立的出发点

在完成上述对实地调研案例内 5 种类型交互关系的解析后，需要以机构型养老建筑空间与老年人行为之间营造良好的交互关系为出发点建立空间行为交互设计策略（在既有研究领域内已经归纳总结出针对机构型养老建筑的卧室、餐厅、活动室、卫生间等空间的无障碍、适老性以及色彩、照明等环境细部设计的大量研究成果，故不在本书课题范围内讨论。本书基于对机构型养老建筑内交互关系的实证调查分析，在空间与老年人行为之间建构一种具有动态关联性、系统整体性的双向交互设计策略）。因为营造良好的交互关系能够在建筑空间与行为之间建立和谐与均衡，通过空间行为的交互设计能够使得交互过程更符合交互主体对象（老年人）自然的理解与表达，让整个交互过程更顺畅。交互设计应尽量让老年人感觉不到交互客体对象（建筑空间）被建筑师刻意地设计过，而是让老年人感觉到所处的居养空间环境自然而然应该是这个样子，因此交互设计强调对空间与行为的双向设计，一方面包括对机构型养老建筑内的交互客体对象（建筑空间）的设计（交互过程引发阶段内对老年人行为活动产生助益的空间行为交互模式及其设计策略），另一方面也包括对交互主体对象（老年人）的行为设计（交互过程反馈阶段内对空间使用产生助益的交互介质设计策略）。其中，对机构型养老建筑空间的设计重点集中在交互过程的引发阶段，即通过空间设计满足入住老年人不同属性、不同类型的行为活动需求，归纳总结出既能在机构型养老建筑内创造多样性的老年人行为活动又能保证行为活动具有秩序性的空间行为交互设计模式与对应的交互设计策略。同时，把对入住老年人行为的设计重点集

中在交互过程的反馈阶段，对空间与行为交互过程完成的关键因素即交互介质（行为领域）展开设计，在机构型养老建筑空间内创造具有层次性与构成性的行为领域，满足不同老年人对空间利用的内在需求，归纳总结出对应的交互设计策略。通过空间与行为交互设计使得各类型交互关系作用过程得以顺利完成，在空间对行为的引发影响下形成具有多样性与秩序性的老年人行为活动，在行为对空间的反馈影响阶段内形成具有层次性与构成性的老年人行为领域，同时保证空间与行为交互关系作用过程具有整体控制性与动态持续性，从而更好地满足入住老年人在机构型养老建筑内的居住养老生活需求。

二、以五种类型交互关系的设计变量分析作为"空间与行为交互设计策略"建构的依据

在对实地调研案例内 5 种类型交互关系设计变量分析的基础上，依据 5 种类型交互关系作用过程不同阶段内设计变量的数据分析与差异特征，总结归纳出营造良好交互关系的空间行为交互设计模式及其设计策略。

针对机构型养老建筑内的交互客体对象（建筑空间）的交互设计重点集中在交互过程的引发阶段，结合机构型养老建筑空间连接构成形态的类型及特征，来探讨各类型交互关系的基本建筑空间布局模式。在空间环境与老年人行为之间营造个体或单维线性空间行为交互关系时，考虑采用基本型空间连接构成形态。多维辐射或环状拓扑空间行为交互关系的营造，则考虑采用手钥型、马蹄型与围合型空间连接构成形态。多维组合空间行为交互关系的营造，则考虑采用放射型、涡型空间连接构成形态。在此基础上提出上述各类型交互关系作用过程引发阶段内的空间行为交互设计模式与策略，旨在通过交互客体对象（建筑空间）的交互设计对老年人行为产生积极的引发影响，从而有效提高老年人行为活动的多样性与秩序性。

第二节 空间与行为交互设计模式

一、养老建筑个体空间行为交互设计模式

通过中心的竖向交通结合周边的功能用房及大厅空间、廊空间，来组织整个机构型养老建筑内承载不同级别老年人行为领域的空间系统。先建构承载老年人主要行为领域的核心空间骨架，通过将主要活动空间与廊空间相互结合在一起，再将承载老年人次级行为领域的附属休闲空间和附属活动空间穿插进去。其中附属空间可以为开敞的办公空间和护理站单元，既能服务老人，也能和老人随时交流，便于更好地照护老人。它的主导空间主要集中在中心区域的交通核心，以及偏向右翼的入口空间，将形成主要行为领域的核心空间集中组织在体量的中心区域，并且结合其他的功能用房成为整个建筑的多功能的核心空间，通过该核心空间与其他邻里居住单元穿插连通。该区域的整体形态呈现中心街道式，承载老年人主要行为领域的空间变化成不同的功能空间、多样的形态及尺度空间交织穿插在办公空间中。该区域活跃的氛围，使得在此活动的老年人感觉生活在熟悉的街道中，空间带给老年人很强的归属感，从而有效提高了行为领域内老年人行为活动的多样性。除核心处的主导空间外，其他的邻里居住单元内承载次级行为领域的空间附属在廊空间系统外列，从而有效提高了行为领域内老年人行为活动的秩序性。具体空间设计策略，以及通过设计引发的老年人行为活动变化如下（图53）：

图 53 空间行为交互设计模式 I "个体空间行为交互关系"
图片来源：大连理工大学周博教授工作室

① 建构承载老年人主要行为领域的核心空间骨架，弱化个体空间行为交互关系内公共空间（PU空间）与私密空间（P空间）之间的空间界限及其固有空间属性，使得两种属性相斥的空间产生交融，空间交融区域形成过渡性空间。

个体空间行为交互关系内的公共空间（PU空间）与私密空间（P空间）之间缺乏过渡空间，通过建构承载老年人主要行为领域的核心空间骨架，将主要活动空间与廊空间相互结合在一起，弱化公共空间（PU空间）与私密空间（P空间）之间的空间界限，在弱化上述两种空间固有属性的同时，使得公共空间（PU空间）内的固有属性行为（老年人动态行为活动：亲友间群体行为活动、非目的性产生的聚集、偶发的交流行为；老年人静态行为活动：可视关系、能视关系）发生频率相对降低。私密空间（P空间）内固有属性行为（老年人动态行为活动：个体行为活动、目的性自发行为活动；老年人静态行为活动：不可视关系、单人关系）发生频率相对降低，同时保持上述两种空间内非固有属性行为的发生频率，从而在弱化个体空间行为交互关系内的公共空间（PU空间）与私密空间（P空间）之间的空间界限及其固有属性的同时，维持空间内老年人行为活动的秩序性，避免行为活动之间的干扰。

② 将承载老年人次级行为领域的附属休闲空间和附属活动空间穿插进入由主要活动空间与廊空间相互结合形成的核心空间骨架，强化个体空间行为交互关系内的过渡空间——半公共空间（S-PU空间）与半私密空间（S-P空间）之间的空间界限与固有属性。

公共空间（PU空间）与私密空间（P空间）之间的交融区域产生过渡性空间，即半公共空间（S-PU空间）与半私密空间（S-P空间），将承载老年人次级行为领域的附属休闲空间和附属活动空间穿插进去，增强上述两种过渡空间的固有空间属性，使得个体空间行为交互关系内具有过渡性的半公共空间（S-PU空间）与半私密空间（S-P空间）的空间界限明晰，对应半公共空间（S-PU空间）内固有属性行为（老年人动态行为活动：偶发的交流行为、非目的性产生的聚集；老年人静态行为活动：可视关系、能视关系）与半私密空间（S-P空间）内固有属性行为（老年人动态行为活动：个体行为活动、目的性自发行为活动、亲友间群体行为活动；老年人静态行为活动：不可视关系、单人关系）发生频率相对提高，从而增强了原有空间内老年人行为活动的多样性。同时，降低半公共空间（S-PU空间）内固有属性行为（老年人动态行为活动：个体行为活动、目的性自发行为活动；老年人静态行为活动：不可视关系、单人关系）与半私密空间（S-P空间）内固有属性行为（老年人动态行为活动：被动性的行为活动、非目的性产生的聚集、偶发的交流行为；老年人静态行为活动：对象规定型、可视关系、能视关系、对视关系）发生频率，维持了原有空间内老年人行为活动的秩序性。

③ 在个体空间行为交互关系内老年人行为领域形成的所属空间设计方面，保持公共空间（PU空间）内老年人群簇行为领域与私密空间（P空间）内个体行为领域形成的同时，利用轻质隔断、家具等环境要素对公共空间（PU空间）进行局部划分与遮挡。其中设计半公共空间（S-PU空间），将上述两种属性空间内的部分群簇行为领域与个体行为领域引入公共空间（PU空间）局部形成的半公共空间（S-PU空间）内，从而有效提高半公共空间（S-PU空间）内老年人行为活动的多样性。避免私密空间（P空间）内群簇行为领域与公共空间（PU空间）内个体行为领域的形成，通过邻接私密空间（P空间）的过渡性半私密空间（S-P空间）设计，将老年人亲友间群体行为活动形成的群簇行为领域，以及公共空间（PU空间）内的个体行为领域引入半私密空间（S-P空间）内，从而通过设计有效避免行为领域对所在空间固有属性与功能的影响，同时避免空间内不同属性老年人行为活动之间的干扰，有效提高4种属性空间内老年人行为活动的秩序性。

二、养老建筑单维线性空间行为交互设计模式

由廊空间将各个功能单元内单维线性分布的不同级别老年人行为领域串联起来，同时通过空间系统的线性核心把整体空间组织起来。一般线性核心为入口大厅及竖向交通部分，这里也是不同属性、不同类型老年人行为活动发生频繁的地方。该交互设计模式在横向交通上，空间纵深不会很长，老人的行走路径简单，易于识别。整体空间构成基础依赖于分层、朝向、中部对称3种空间构成模式。其中，集中性的活动空间集中在顶层或者每层分散布置，与整个线性空间形成附属关系。形成主要行为领域的空间结合其他的功能用房分层布置，整体功能划分明确、易于管理，注重空间的朝向问题，保证老人居住空间优先配置，交往空间和辅助空间分散布置。办公、服务用房结合交往空间布置在中部，空间整体聚集性较好。可以通过以下方式提升老年人行为活动的多样性与秩序性：走廊形态适度变化，突出线性空间节点；

牺牲部分北向房间，结合交通空间做一些开敞性的空间；端部楼梯可结合挑台和自身平台，将空间扩展；另外，活动空间及其他辅助用房分层布置时要注重南向空间的转化，对于集中性的活动空间做到分散处理，让出南向居住空间，兼顾老人与院方利益。由中心的厅空间结合两侧的竖向交通构成机构型养老建筑内承载不同级别老年人行为领域的空间系统的主导空间。中部的厅空间南北向贯通布置，具有一定的围和感，使得空间的向心性增强，提高了老人停留的概率，大大增加了老人行为活动的多样性。廊空间由主导空间向两侧延伸将各个功能空间串联起来，以具有半私密性质的楼梯间作为端点，廊空间呈现一种开合的形态，使得线性系统出现了承载次级行为领域的空间节点，空间的整体性较完整，呈现出一定的韵律感，从而有效提高行为领域内老年人行为活动的秩序性。

具体空间设计策略，以及通过设计引发的老年人行为活动变化如下（图54）：

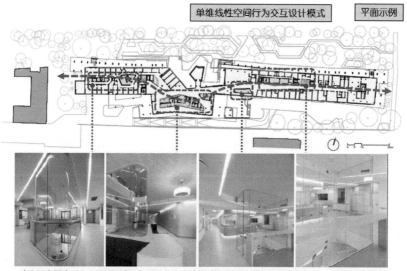

· 廊空间内围绕形态自然的玻璃天井创造多个交往活动场所以形成群岛式空间布局，使得线性系统出现了承载次级行为领域的空间节点，将各个生活单元内单维线性分布的不同级别老年人行为领域串联起来，护理站有机嵌入到各空间节点内，有效维持老年人行为活动之间的秩序性；廊空间整体呈现一种开合的形态，开放的空间形态富有整体性与流动性，生活单元之间通过开放的群岛式交往活动场所产生自然过渡，呈现出动态的律感，从而有效引发产生多样性的老年人行为活动类型

图54 空间行为交互设计模式 II "单维线性空间行为交互关系"
图片来源：大连理工大学周博教授工作室

① 在单维线性布局的老年人生活单元之间设计承载次级行为领域的空间节点，廊下空间形态适度变化，弱化单维线性空间行为交互关系内公共空间（PU空间）与半公共空间（S-PU空间）之间的空间界限，使得单维线性分布的不同级别行为领域彼此串联。

单维线性空间行为交互关系内线性分布的老年人生活单元之间通过公共空间（PU空间）相联系，但彼此之间的过渡性相对较差，因此需要通过设计弱化公共空间（PU空间）的固有属性，使得公共空间（PU空间）内的固有属性行为（老年人动态行为活动：亲友间群体行为活动、非目的性产生的聚集、偶发的交流行为；老年人静态行为活动：可视关系、能视关系）发生频率相对降低。同时，提高半公共空间（S-PU空间）的公共性，对应半公共空间（S-PU空间）内固有属性行为（老年人动态行为活动：偶发的交流行为、非目的性产生的聚集、亲友间群体行为活动；老年人静态行为活动：对象规定型、可视关系、能视关系）发生频率相对提高，半公共空间（S-PU空间）内非固有属性行为（老年人动态行为活动：个体行为活动；老年人静态行为活动：不可视关系、单人关系）发生频率相对降低，进而弱化公共空间（PU空间）与半公共空间（S-PU空间）之间的空间界限，使得单维线性分布的不同级别老年人行为领域彼此串联，同时通过空间系统的线性核心把整体空间组织起来，提高了原有空间内行为活动的秩序性。

② 在老年人生活单元内的私密空间（P空间）与半公共空间（S-PU空间）之间设计空间界限明晰的过渡性空间，避免老年人行为活动之间的干扰。

单维线性空间行为交互关系内线性分布的老年人生活单元中的半公共空间（S-PU空间）的空间界限相对明晰，但老年人生活单元中的私密空间（P空间）与半公共空间（S-PU空间）之间的过渡性空间界限不明晰，需要通过设计强化半私密空间（S-P空间）的空间界限与固有属性，对应半私密空间（S-P空间）内固有属性行为（老年人动态行为活动：个体行为活动、目的性自发行为活动、亲友间群体行为活动；老年人静态行为活动：不可视关系、单人关系）发生频率相对提高，半私密空间（S-P空间）内非固有属性行为（老年人动态行为活动：被动性的行为活动、非目的性产生的聚集、偶发的交流行为；老年人静态行为活动：对象规定型、可视关系、能视关系）发生频率相对降低。半公共空间（S-PU空间）的空间界限的强化设计，保持了生活单元各属性空间内老年人行为活动的多样性，同时有效避免了私密空间（P空间）与半公共空间（S-PU空间）内老年人行为活动之间的干扰，提高了原有空间内老年人行为活动的秩序性。

③ 在单维线性空间行为交互关系内老年人行为领域形成的所属空间设计方面，避免公共空间（PU空间）内个体行为领域与私密空间（P空间）内群簇行为领域的形成，在老年人生活单元之间的公共空间（PU空间）与生活单元内的半公共空间（S-PU空间）连接处设计过渡性空间，将公共空间（PU空间）内的部分群簇行为领域自然引入半公共空间（S-PU空间）内，从而助力半公共空间（S-PU空间）内老年人群簇行为领域的形成。具有明晰空间界限的半私密空间（S-P空间）设计使得原有半公共空间（S-PU空间）内亲友间群体行为活动形成的老年人群簇行为领域部分引入，有效提高了原有空间内老年人行为活动的秩序性。同时，保证半公共空间（S-PU空间）内个体行为领域的形成，有效维持了各生活单元半公共空间（S-PU空间）内老年人行为活动的多样性。

三、养老建筑多维辐射空间行为交互设计模式

通过单一型或者多级主导空间来组织承载老年人主要行为领域的空间系统，一般在折点处、不同体量交会处，形成多个次级主导空间。例如主要核心的中心部位结合护理单元或办公室都设计有一个开敞式共享空间，居住单元的空间节点区域作为承载老年人行为领域的一级主导空间系统，由走廊空间串联起来。在体量的中心处和单翼体量的中心形成次级核心区域，最后结合廊空间的尽端空间形成次级核心空间。该交互设计模式的空间路径明了易达，并且空间层次明晰，老年人具有多重选择性，从而有效提高多维辐射空间行为交互关系作用过程引发阶段内老年人行为活动的秩序性。同时，在已有空间布局的基础上，在折点和体量的中部及端部分散布置不同层级形态的活动空间，凭借功能整合、空间开敞形成较为丰富的空间层次，从而进一步有效提高多维辐射空间行为交互关系作用过程引发阶段内老年人行为活动的多样性。

具体空间设计策略，以及通过设计引发的老年人行为活动变化如下（图55）：

图 55 空间行为交互设计模式 Ⅲ "多维辐射空间行为交互关系"
图片来源：大连理工大学周博教授工作室

① 通过单一型或者多级主导空间来组织承载具有多维辐射特征的空间系统，在公共空间（PU 空间）与私密空间（P 空间）内部设计具有各自固有属性的过渡性空间，公共空间与私密空间的固有空间属性降低的同时形成局部的组团空间，使得分散布局的空间产生联系。

多维辐射空间行为交互关系的各属性空间分散布局，各属性空间内承载的行为领域之间缺乏联系性，因此需要通过半公共空间（S-PU 空间）设计以弱化原有公共空间（PU 空间）的固有属性。对应公共空间（PU 空间）内的固有属性行为（老年人动态行为活动：亲友间群体行为活动、非目的性产生的聚集、偶发的交流行为；老年人静态行为活动：可视关系、能视关系）发生频率相对降低。同时，通过半私密空间（S-P 空间）设计以弱化原有私密空间（P 空间）的固有属性，对应私密空间（P 空间）内固有属性行为（老年人动态行为活动：个体行为活动、目的性自发行为活动、亲友间群体行为活动；老年人静态行为活动：对视关系、不可视关系、单人关系）发生频率相对降低。上述两种空间固有属性的弱化，使得分散布局的公共空间（PU空间）与私密空间（P空间）产生联系，形成局部的组团空间，提高了原有空间内老年人行为活动的整体秩序性。

②　在体量的中心和单翼体量的中心形成次级核心区域，该空间内灵活嵌入半公共空间（S-PU空间）与半私密空间（S-P空间），形成相互交融的整体过渡性空间，并以此联系多维辐射的组团空间。

弱化多维辐射空间行为交互关系内半公共空间（S-PU空间）与半私密空间（S-P空间）之间的空间界限及其固有空间属性，使得半公共空间（S-PU空间）与半私密空间（S-P空间）产生交融。对应半公共空间（S-PU空间）内固有属性行为（老年人动态行为活动：偶发的交流行为、非目的性产生的聚集、亲友间群体行为活动；老年人静态行为活动：对象规定型、对视关系、可视关系、能视关系）发生频率相对降低。半公共空间（S-PU空间）内非固有属性行为（老年人动态行为活动：个体行为活动、目的性自发行为活动；老年人静态行为活动：单人关系）发生频率相对提高。同时，半私密空间（S-P空间）内固有属性行为（老年人动态行为活动：个体行为活动、目的性自发行为活动；老年人静态行为活动：不可视关系、单人关系）发生频率相对降低。半私密空间（S-P空间）内非固有属性行为（老年人动态行为活动：亲友间群体行为活动、非目的性产生的聚集、偶发的交流行为；老年人静态行为活动：对象规定型、可视关系、能视关系）发生频率相对提高。上述两种过渡性空间的融合在整体空间内形成环形回路，使得空间层次明晰，空间之间的联系性提高，在保持原有老年人行为活动多样性的同时，提高了整体空间内老年人行为活动的秩序性。

③　在多维辐射空间行为交互关系内老年人行为领域形成的所属空间设计方面，在公共空间（PU空间）内嵌入半公共空间（S-PU空间），弱化原有公共空间（PU空间）的固有属性，从而将公共空间（PU空间）内的群簇行为领域引入其中的半公共空间（S-PU空间）内部。同时，在私密空间（P空间）内嵌入半私密空间（S-P空间），弱化原有私密空间（P空间）的固有属性，从而将私密空间（P空间）内的个体行为领域引入其中的半私密空间（S-P空间）内部。通过在上述过渡空间内引入相同属性的行为领域，使得多维辐射空间行为交互关系内原有过渡空间与公共空间（PU空间）、私密空间（P空间）嵌入的过渡性空间产生融合，由过渡空间的融合在整体空

间内创造联系性的同时，老年人行为活动的秩序性得以提升。同时，通过过渡空间之间的融合，维持多种属性老年人行为领域在半公共空间（S-PU空间）与半私密空间（S-P空间）内的形成，提高过渡性空间内老年人行为活动的多样性。

四、养老建筑环状拓扑与多维组合空间行为　交互设计模式

在各类型交互关系中，"环状拓扑空间行为交互关系"与"多维组合空间行为交互关系"在其交互作用过程引发阶段内已具有相对较强的老年人行为活动多样性。基于以上两种类型交互关系的设计变量分析特征，交互过程引发阶段内的空间设计重点在于有效提高老年人行为活动的秩序性。针对环状拓扑空间行为交互关系与多维组合空间行为交互关系，均可以通过小组团式空间布局以及组团内不同属性空间之间的过渡空间设计形成自然行为界限，以有效提高老年人行为活动的秩序性。国外实地调研机构型养老建筑空间布局通常将老年人各居室进行有效的组团形成彼此分离又通过中心共享空间保持有机联系的老年人生活单元，有效提高环状拓扑空间行为交互关系与多维组合空间行为交互关系作用过程引发阶段内的老年人行为活动秩序性的交互设计模式。老年人生活单元是指在机构型养老建筑内将入住老年人按一定数量规模组团化的最小生活单位，组团形成的生活单元既是机构型养老建筑空间的主要构成元素，也是老年人日常生活和接受护理照料的主要场所，生活单元通常由多目的活动空间、共用开敞式料理空间、共同生活空间和老人居室组成，确保位于中心位置的护理空间可以最大限度地掌握各个居室的情况，最远居室保证在40 m以内。在国内机构型养老建筑设计中，应该考虑组团形成的老年人生活单元内卧室空间的南向采光。建筑空间的组织方面，主要由开敞性的服务类空间结合公共空间部分作为承载老年人主要行为领域的核心空间来组织各个小组团，每个小组团又有相应的交往空间作为承载老年人次级行为领域的空间场所，其中承载老年人次级行为领域的空间可以有不同的组合模式，构成了多样化的形态空间。对各组团内的公共空间形态进行多样化设计，每个居住小组团都有相应的交往、服务核心符合老年人行为活动范围及特征，且便于工作人员管理。同时，该建筑空间布局模式还关注

空间之间的融合，很多交往休闲空间和辅助空间之间通过设计过渡空间形成自然行为界限，主要强调老年人的选择性与参与性，进一步有效提高了行为领域内老年人行为活动的秩序性。通过这种小组团式的划分，可以获得宜人的尺度，同时空间的层次丰富，也保证了空间功能的多样化，使得老年人的行为活动异常丰富，随时可以参与到各种活动中来，在提高行为领域内老年人行为活动的秩序性的同时维持了老年人行为活动的多样性。

具体空间设计策略，以及通过设计引发的老年人行为活动变化如下（图56）：

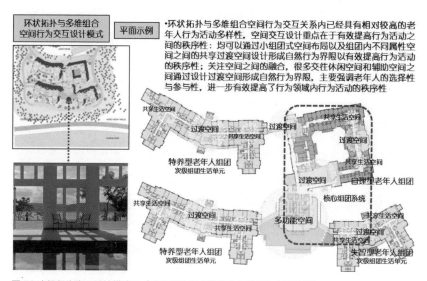

图56 空间行为交互设计模式Ⅳ"环状拓扑与多维组合空间行为交互关系"
图片来源：大连理工大学周博教授工作室

① 上述两种类型交互关系的空间组织形态通常为老年人生活单元组团式布局，生活单元内已具有多样化的老年人行为活动，需要进一步对已有组团进行分级设计、明确空间的主从关系，从而提高老年人行为活动的秩序性。

保持组团单元内的私密空间（P空间）固有属性不变，强化半公共空间（S-PU空间）与半私密空间（S-P空间）之间的空间界限与固有属性，由此避免组团单元之间老年人行为活动的干扰。上述独立组团内的半公共空间（S-PU空间）与半私密空间（S-P空间）对应的老年人行为活动变化与个体空间行为交互关系相似，维持了组团单元内老年人行为活动的秩序性。同时，弱化组团单元之间公共空间（PU空间）的固有属性，将公共空间（PU空间）转化为半公共空间（S-PU空间）与半私密空间（S-P空间）的交融区域。对应公共空间（PU空间）内的固有属性行为（老年人动态行为活动：亲友间群体行为活动、非目的性产生的聚集、偶发的交流行为；老年人静态行为活动：对象规定型、对视关系、可视关系、能视关系）发生频率相对降低。非固有属性行为（老年人动态行为活动：个体行为活动、目的性自发行为活动；老年人静态行为活动：不可视关系、单人关系）发生频率相对提高。该空间区域成为中心共享空间，各组团单元通过中心共享空间形成高级别的核心组团，进而对已有组团进行分级设计。共享空间内通过设计交融的交往休闲空间和辅助空间形成自然行为界限，强调老年人的选择性与参与性，有效提高了老年人行为活动的秩序性。

② 在环状拓扑空间行为交互关系与多维组合空间行为交互关系内老年人行为领域形成的所属空间设计方面，组团单元内，将半私密空间（S-P空间）内的部分群簇行为领域引入半公共空间（S-PU空间）内，将半公共空间（S-PU空间）内的部分个体行为领域引入半私密空间（S-P空间）内，由此强化组团单元内半公共空间（S-PU空间）与半私密空间（S-P空间）之间的空间界限与固有属性。组团单元内空间界限明晰，老年人行为活动具有相对较好的秩序性。同时，在组团单元之间的公共空间（PU空间）内嵌入设计过渡性空间，将公共空间（PU空间）内的部分群簇行为领域引入半公共空间（S-PU空间）内，将公共空间（PU空间）内的部分个体行为领域引入半私密空间（S-P空间）内，由此弱化了公共空间（PU空间）的固有属性，形成中心共享空间。对机构型养老建筑内的原有各组团单元进行有效分级与联系，老年人行为活动的整体秩序性得到提高。

第三节 空间与行为交互设计策略

一、老年人行为活动交互设计策略

（一）养老建筑空间行为环境的交互设计方法

1. 基地内养老建筑临街可视面与街道的交互设计

首先从基地内建筑整体设计角度分析建筑临街可视面与街道的关系，基地内养老建筑临街可视面一侧的空间流线组织方式受到主入口（包括设施玄关入口、居家养护服务支援入口和地域交流入口）、服务辅助入口（包括职员入口、厨房服务入口、设备搬运入口和停车场入口）以及主干道和服务级道路位置等因素的交互影响，养老建筑的主入口设置在临街可视面一侧，同时需要和建筑侧立面和背立面的流线组织相呼应。

2. 基地内养老建筑整体布局和动线的交互设计

养老建筑整体布局形态需要考虑基地内入住老年人群动线设计（步行、使用轮椅者）、来访者动线设计（居家养护服务人群、地域交流人员、老年人亲友）、人车分流动线设计（机动车、自行车）、工作服务人员动线和物流动线设计等影响因素。老年人群动线设计又可进一步分为建筑内主动线设计（生活、护理）和基地内的游走动线设计（散步、锻炼），同时建筑整体布局和动线的交互设计还应考虑日照和通风等自然条件。

3. 建筑整体形态成长和变化对应的交互设计

将建筑可持续性的观点纳入养老建筑整体成长扩建和变化对应的交互设计之中，即养老建筑空间的增建和建筑局部的改建，以轴线为基准的交互设计方法，同时衍生出十字形中枢轴线、曲面中枢轴线、中庭环绕状轴线、中庭放射状轴线这 4 种交互设计方法。

4. 空间组构的邻接和近接原则

构成养老建筑的主要养护空间和服务性附属空间之间的连接方式首先应该遵循邻接布局原则，主要空间和附属空间可以采用套型布置，同时附属空间承担过渡空间的功能。其出入口连接廊下空间，也可在主要空间和附属空间邻接廊下空间的一侧同时设置出入口，但两个空间之间需要保持联系。大空间内可以设置灵活移动的轻质隔墙，以适应功能使用变化。当受到客观限制，两种属性空间无法直接邻接布置时，则需要采取近接布置原则，从而缩短老年人动线距离，方便老年人对各空间的直接使用。

5. 组团型单元内共同生活空间和卧室空间的组构交互设计

养老建筑内卧室空间组团布置形成的生活单元，能营造出家庭化生活氛围。为方便老年人对组团型生活单元内交往空间的使用，共同生活空间和老年人卧室之间的连接方式是交互设计的重点。考虑到护理人员和老年人的行为动线和移动范围问题，共同生活空间和卧室空间两者的组构方式主要存在3种形式：① 共同生活空间和卧室空间邻接一体化设计；② 共同生活空间和卧室空间部分邻接一体化设计；③ 共同生活空间和卧室空间通过廊下空间联系的近接设计。

6. 邻接和近接领域内的空间布局

食堂、机能训练室的整体空间组织，养老建筑内食堂和机能训练空间作为区别于居住空间的主要服务性附属空间，其与养老建筑内老年人生活单元（卧室、卫生间、浴室和部分公共空间组团构成）、生活单元群之间的空间组构关系是交互设计的要点。

7. 护理站的空间位置

护理、半护理老人的居住空间通常将8~10个居室组成小规模单元组团，护理站与活动空间分散于各单元组团内，服务流线短捷，提高了服务效率。在美国护理机构中，护理站到最远房间的距离一般在 36 m 以内，援助式居住生活机构中最远的房间到主要活动空间的距离为 46 m 以内。日本特别养护老人之家中，护理站到最远居室的距离通常为 30~40 m。护理站作为养老建筑内医疗养护服务空间的核心，其空间位置应该充分考虑与周围房间的联系，避免因空间组织混乱而引起的不同人群动线的交叉干扰，方便护理人员对老年人开展看护及医疗服务。通常按照护理站位置的不同，分析养护服务单元内的护理站空间交互设计、老年人生活单元内的护理站空间交互设计以及与室外空间相邻的护理站空间交互设计。

8. 职员办公空间的位置和邻接空间

养老建筑内的职员办公空间通常位于建筑一层，设计时需要考虑设施内职员的行为动线特征、职员专用出入口和办公空间的位置关系、入住老年人的通过位置、来访者的动线，以及室内外空间关系等因素，办公空间也可与机能训练空间邻接设计。

9. 浴室和卫生间内的空间组织关系

养老建筑内普通浴室、特殊护理浴室以及邻接附属空间的组构方式存在差异，卫生间根据其出入口是否直接连接廊下公共空间、出入口前是否设计专用过渡空间而采用相应的空间交互设计方法。

10. 地域性短期养老服务空间组织关系

养老建筑内部分空间的利用对象为地域性短期护理的老年人，为老年人提供日间照料、机能训练、洗浴等养老护理服务。在空间交互设计时应该考虑部分活动空间同时面向入住老年人和短时护理老年人的双重属性，同时需要设计专用空间服务日间照料的老年人，防止不同老年人群在养老建筑内移动路线的干扰。

（二）交互关系作用下的养老建筑内部空间动线设计
1. 动线的类型、属性和设计要点

养老建筑内部空间的动线属性包括人群移动轨迹的差异性、方向性、移动距离的长短和时间差，根据入住老年人身体状况的不同，自立行走人群、借助扶手移动人群、利用拐杖移动人群以及利用轮椅移动人群，所产生的动线属性特征不同。通过以上分析总结出动线交互设计要点：① 建筑空间根据功能的从属关系，依据邻接和近接原则组织空间，使得动线单纯明快，长度缩短；② 功能分区明确的同时，设计相应的过渡空间防止不同属性动线交叉干扰；③ 保持高移动频率，促进老年人活动，有利于增强其身体机能。

2. 内部空间动线团状化交互设计

动线上某点、转折处或相交处的团状化形成养老建筑内主要的公共空间，例如入口门厅空间、多功能空间、老年人共同生活空间和垂直交通前的等候休息空间等。动线团状化设计主要赋予养老建筑内部空间组织合理的人群集散功能，具有多点散射特征。

养老建筑平面布局的动线团状化交互设计为入住老年人的公共行为提供了明确的集散性场所空间，进而形成小规模组团式平面布局模式。动线团状化形成的公共空间有效缩短了老年人群的移动距离，提高了建筑空间的利用频率，方便老年人进行交往活动的同时，避免了因大空间集体活动而产生的不同人群动线的交叉干扰。动线团状化将人群进行多中心分区疏散，方便护理人员对老年人的看护和管理，同时保持了生活空间的连续性，创造集合性公共空间。

养老建筑垂直维次的动线团状化会因建筑高度的不同产生不同尺度的垂拔空间，因此在剖面的交互设计时应注意创造适宜的空间尺度。垂拔空间内应该通过内装材料、色彩和空间构成设计出符合老年人生活特征的环境氛围，同时考虑大尺度空间下的老年人看护和管理问题。

在内部空间动线带状化交互设计方面，养老建筑内部老年人生活空间组织采用内廊式和侧廊式易于形成人群动线的带状化，动线带状化具有较强的空间指向性特征，在养老建筑办公空间及部分服务性附属空间内易采用动线带状化交互设计，提高职员的工作效率。养老建筑平面布局的动线带状化交互设计中因考虑在线性空间的两侧灵活布置开放式休息空间和活动空间，也可在空间的一侧设计半室外空间，同时将动线进行分流设计，对人群进行有效疏散。养老建筑垂直维次的动线带状化交互设计要点是注重在建筑整体内创造不同层高的局部空间，空间之间通过局部垂直交通组织产生垂直面上的联系，有效将人群疏散，局部空间之间交错连接形成丰富的休憩空间，为老年人创造公共交往的空间环境。

二、老年人行为领域交互设计策略

针对机构型养老建筑内的交互主体对象（老年人）行为的交互设计重点集中在交互过程的反馈阶段，对空间与行为交互过程完成的关键因素即交互介质（行为领域）展开设计。在机构型养老建筑空间内创造具有层次性与构成性的行为领域，满足不同老年人对空间利用的内在需求，同时有效降低交互介质（行为领域）的形成对其所属空间固有属性与功能的反馈影响，增强行为领域与空间的契合度。提高交互过程反馈阶段内交互介质（行为领域）层次性与构成性的交互设计策略包括以下几个方面。

（一）提高交互介质（行为领域）层次性与构成性的整体组织设计

首先需要确定机构型养老建筑内入住老年人的标准生活单元（将老年人按一定数量规模组团化的最小生活单位），标准生活单元由居住空间、辅助空间、通行空间以及共享复合空间构成。标准生活单元内的共享复合空间通常是形成交互介质（行为领域）的空间载体。将标准生活单元进行组合，在单元连接处的局部空间内可以形成新的交互介质（行为领域）。

1. 交互介质（行为领域）的横向组织设计

对两个标准生活单元进行组合，生活单元可以横向正交组合，同时可以叠错组合，其连接处通常成为交互介质（行为领域）的形成空间区域。居住在两个标准生活单元内的老年人可以共享交互介质（行为领域）形成的所属空间，同时护理人员通过该空间对两个标准生活单元内的老年人进行有效看护照料和组织管理。承载交互介质（行为领域）的共享复合空间在横向组合的情况下，对应标准生活单元 ×2 的交互介质（行为领域）的横向组织设计形式包括（结合本书对机构型养老建筑空间连接构成形式的类型研究）：直线型、直线型（复合）和手钥型。其中直线型和复合直线型可以保证两个标准生活单元同时设计朝南的卧室空间，手钥型至少可以保证一个标准生活单元设计朝南的卧室空间，该交互介质（行为领域）的横向组织设计形式适用于小规模养老建筑，养护老年人数为 20~30 人。

老年人标准生活单元 ×4 的交互介质（行为领域）的横向组织设计形式包括：手钥型（复合）、马蹄型和围合型。该交互介质（行为领域）的横向组织设计形式在机构型养老建筑空间内形成一个 M 型交互介质（行为领域）

的承载空间（承载老年人行为领域的共享复合空间数量大于或等于2）和两个S型交互介质（行为领域）的承载空间（承载老年人行为领域的共享复合空间数量等于1）。其中复合手钥型交互介质（行为领域）的横向组织设计形式可以实现3个老年人标准生活单元同时共用一个M型交互介质（行为领域）的承载空间，其他交互介质（行为领域）的横向组织设计形式形成的S型交互介质（行为领域）的承载空间满足两个老年人标准生活单元共享。马蹄型交互介质（行为领域）的横向组织设计形式可以保证3个标准生活单元同时设计朝南的卧室空间，其他交互介质（行为领域）的横向组织设计形式保证两个标准生活单元同时设计朝南的卧室空间，养护老年人数为40~60人。交互介质（行为领域）的横向组织设计适宜形成个体空间行为交互关系、单维线性空间行为交互关系、多维辐射空间行为交互关系、环状拓扑空间行为交互关系。

2. 交互介质（行为领域）的纵向组织设计

交互介质（行为领域）在纵向组合的情况下，对应标准生活单元×2的组织设计形式形成4种手钥型组合类型，该交互介质（行为领域）的纵向组织设计下形成的共享复合空间满足两个老年人标准生活单元共享，保证一个标准生活单元同时设计朝南的卧室空间，养护老年人数为20~30人。标准生活单元×4的交互介质（行为领域）纵向组织设计形式包括：手钥型（复合）、凹型和围合型。该交互介质（行为领域）纵向组织设计下在机构型养老建筑空间内形成一个M型交互介质（行为领域）的承载空间和两个S型交互介质（行为领域）的承载空间，其空间构成特征、养护老年人数和交互介质（行为领域）的横向组织设计·标准生活单元×4基本相同，不同点在于老年人标准生活单元连接处S型交互介质（行为领域）的承载空间之间的空间功能纵向构成形态和特征的差异性，该组织设计形式下交互介质（行为领域）所在的空间多为东西向布局，标准生活单元内朝南的共同生活空间较少。交互介质（行为领域）的纵向组织设计适宜形成个体空间行为交互关系、单维线性空间行为交互关系、多维辐射空间行为交互关系、环状拓扑空间行为交互关系。

3. 交互介质（行为领域）的向心集中式组织设计

交互介质（行为领域）的向心集中式组织设计形式一般由 4 个老年人标准生活单元构成，4 个共享复合空间形成的 M 型交互介质（行为领域）的承载空间，进而满足 4 个标准生活单元共享。护理人员通过该空间对 4 个标准生活单元内的老年人进行有效看护照料和组织管理，保证两个标准生活单元同时设计朝南的卧室空间，养护老年人数为 40~60 人。交互介质（行为领域）的向心集中式组织设计适宜形成个体空间行为交互关系。

4. 交互介质（行为领域）的复合组织设计

交互介质（行为领域）的复合组织设计形式一般由 6~8 个老年人标准生活单元构成，该组织设计形式同时具有交互介质（行为领域）的横向、纵向以及向心集中式 3 种组织设计形式的共同特征，适用于较大规模养老建筑，养护老年人数为 60~90 人（生活单元 ×6）和 80~120 人（生活单元 ×8）。交互介质（行为领域）的复合组织设计形式最大的特征是标准生活单元组团围合构成院落空间，例如交互介质（行为领域）的复合组织设计——标准生活单元 ×8 中的围合型组合由两组老年人标准生活单元构成，每 4 个标准生活单元进行组团构成一组，围合形成两个共享的室外庭院空间，同时实现老年人卧室朝南空间最大化。交互介质（行为领域）的复合组织设计适宜形成环状拓扑空间行为交互关系，以及多维组合空间行为交互关系。

（二）提高交互介质（行为领域）层次性与构成性的局部设计

1. 在空间内营造与增强行为领域的属性差异，以提高交互介质（行为领域）的层次性

机构型养老建筑空间内不同属性行为领域的形成会在老年人行为领域之间产生层次性，本书第五章对交互过程反馈阶段内老年人行为领域的属性进行了划分，以此为研究基础对在空间内营造与增强行为领域属性差异，以提高老年人行为领域层次性的设计方法进行论述。

其中，满足老年人私密性的个体行为领域的营造重点在于与公共空间的

隔离，这种隔离可以是视线的遮挡，也可以是通路、行为的隔离，还可以是空间层次的变化。首先，机构型养老建筑内空间的局部围合与遮挡是为了满足老年人的个体私密性要求，私密性首先与空间的封闭感有关，因此营造老年人个体行为领域首先要给以一定的遮蔽，可供老年人安静独处，但私密性的体现不一定是完全封闭的形式，机构型养老建筑内利用家具和轻质隔断对空间进行局部围合，从而为老年人创造更多的半私密空间。如利用书架对临窗的空间进行划分，其中形成的半私密空间内可以放置小沙发，满足老年人对个人空间使用的心理需求；将该半私密空间设计成榻榻米，书架对该空间的围合有效隔绝了大空间内的外界干扰，在老年人群交往之间产生亲和力；通过软质材料做成的隔帘对邻窗空间进行围合，利用植物盆景和低矮家具对就餐空间进行局部围合，缩小大空间的横向体量，为老年人创造小尺度的适宜空间，以形成满足老年人私密性需求的个体行为领域。其次，机构型养老建筑内转角空间的设计与环境要素布置，空间中的阴角一般使人感觉安定，是容易形成老年人个体行为领域的地方，在这些空间内适当地设置一些休闲与休憩设施，就可以成为承载老年人个体行为领域形成的空间。在机构型养老建筑的公共空间和廊下空间的阴角处设置电视机和沙发，为老年人个体行为领域的形成提供空间载体。再次，机构型养老建筑内保护老年人个体私密性的过渡空间设计。为了保证老年人个体领域的私密性和行为活动不受影响，可以在房间前加一个半私密过渡空间，同时创造丰富的空间层次性。合理的过渡空间则可以提供一个较为柔和的方式使老年人在空间个体中穿梭。机构型养老建筑一层电梯入口直接朝向门厅开放，缺少空间的层次性，空间之间过渡性较差，在电梯入口处设计玄关空间作为过渡空间，并且在过渡空间内放置座椅供等候人休息。在卧室空间和共同生活空间之间利用轻质隔断进行分割，形成的半私密空间对老年人从私密空间（卧室空间）进入半公共空间（共同生活空间）时的心理情绪具有过渡和缓冲功能。在共同生活空间内有多数老年人群聚集时，部分老年人可以选择在卧室前的半围合空间内展开相关个人行为活动，有效地避免了外界视线的干扰、保护了老年人的个体私密性。根据机构型养老建筑内老年人居室空间的构成形式，在各居室入口处形成自然的过渡空间，老年人的私密性可以在过渡空间内得到有效的保护，这里也成为个体行为领域形成的空间场所。

老年人群簇行为领域与个体行为领域的属性相异，建筑师通过在机构型养老建筑内设计机能康复训练空间、公共食堂以及活动室等固定属性的公共空间，以满足老年人的群簇交往需求。同时，老年人希望能够控制和按照自己的交往心理需求在建筑空间内塑造群簇行为领域，增强老年人对环境改变和控制能力，使得老年人对空间的使用具有更大选择性[25]。通过调研发现，老年人会按照自身的交往需求在空间内选择交往行为发生的场所，群簇行为领域的形成往往不会局限于建筑师设计的固定属性的公共空间内。因此，满足老年人群簇交往需求、承载老年人群簇交往行为的交往空间不应该局限于固定属性公共空间的设计。本书尝试从机构型养老建筑内老年人生活单元彼此之间的连接构成形态出发，在生活单元之间连接处的局部空间内创造丰富灵活的群簇交往空间，以承载老年人群簇行为领域的形成，满足老年人多样的群簇交往需求。选择老年人生活单元的原因在于其既是机构型养老建筑空间的主要构成元素，也是老年人日常生活行为发生以及接收护理照料的主要场所，因此，老年人生活单元模块内的群簇交往空间，以及生活单元彼此组合而产生的群簇交往空间设计是形成老年人群簇行为领域的交互设计重点。在调研的过程中发现，老年人通常把走廊作为自己的活动区域，当外部环境及自身身体条件受到限制的时候，老年人通常通过在走廊空间的来回走动来锻炼身体，因此廊空间是老年人使用频率很高的场所，是促使老年人群簇交往发生的有效空间。廊下空间向具有日常生活场所感的街道拓展设计是国外养老建筑空间设计方法值得我国借鉴之处，整个内街天窗渗透进自然柔和的光线，左右都是小尺度的砖构建筑，将公共场所集中在街道两侧，提供给老年人积极、熟悉、宜人的环境氛围，伴随着老人对于旧有街区的记忆与眷恋，促使他们从事漫游、探索以及积极的群簇交往活动，从而自然形成群簇行为领域。通过上述空间设计以营造与增强行为领域之间的属性差异，从而提高交互过程反馈阶段内老年人行为领域的层次性（图 57）。

[25] 陈易. 室内环境设计原理 [M]. 北京：中国建筑工业出版社，2006.

·利用组团内护理单元空间形态的变化，结合桌椅、沙发等空间环境要素的自由设置与灵活摆放，在老年人共享生活空间内创造层次丰富、且彼此联系的行为领域形成场所，满足老年人的内在需求特征，降低交互介质-行为领域的形成对所属空间固有功能与属性的影响程度

·利用环境要素对空间的局部进行遮挡与遮挡，以形成行为领域的属性差异

·利用铺地材质的差异、生活用品的挂饰、局部空间的设计建立领域边界以创造行为领域的层次性

·利用居室前的过渡空间设计、廊下空间尽端的交往性营造以形成行为领域的属性差异

·在老年人居室前嵌入小型庭院、结合色彩设计建立明确的行为领域边界感

·利用自然形态的连续隔墙设计以提高行为领域之间的连构性

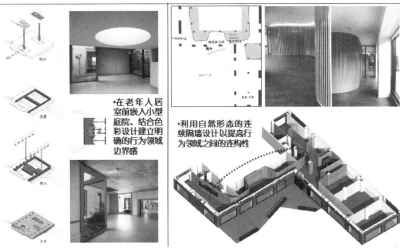

图 57 提高交互过程反馈阶段内交互介质（行为领域）层次性与构成性的设计

图片来源：大连理工大学周博教授工作室

2. 通过空间行为动线的交互设计创造便捷有序的空间序列连接，以提高交互介质（行为领域）之间的构成性

机构型养老建筑内老年人行为领域之间的构成性通过空间序列连接状况来衡量，表达的是老年人选择到达各行为领域所属空间的便捷性与通畅性，通过空间行为动线的交互设计在行为领域之间创造丰富有序的空间序列连接，进而提高老年人行为领域之间的构成性。机构型养老建筑内影响老年人行为领域之间空间序列连接状况的空间行为动线属性包括：人群移动轨迹的差异性、方向性、移动距离的长短和时间差。根据入住老年人身体状况的不同，自立行走人群、借助扶手移动人群、利用拐杖移动人群以及利用轮椅移动人群所产生的动线属性特征不同，结合机构型养老建筑内老年人日常生活行为、养护行为、护工和来访者动线的影响对行为领域之间的空间序列连接进行设计。首先，增强行为领域之间空间序列连接的便捷性，建筑空间根据功能的从属关系，依据邻接和近接原则组织空间，使得行为领域之间的空间序列连接单纯明快，长度缩短，同时保持高移动频率，促进老年人活动，有利于其增强身体机能。其次，增强行为领域之间空间序列连接的通畅性，即功能分区明确的同时，设计相应的过渡空间防止不同属性行为领域之间空间序列连接的交叉干扰。最后，根据机构型养老建筑内空间行为动线的形态特征对行为领域之间的空间序列连接展开对应交互设计，例如老年人生活空间组织采用内廊式和侧廊式易于形成人群动线的带状化，以此为基础对应展开行为领域之间的空间序列连接带状化交互设计。空间序列连接带状化交互设计具有较强的空间指向性特征，在机构型养老建筑办公空间及部分服务性附属空间内宜采用空间序列连接带状化交互设计，提高职员的工作效率，同时考虑在线性空间的两侧灵活布置开放式休息空间和活动空间，也可在空间的一侧设计半室外空间，从而对老年人群进行有效的分流引导。空间行为动线上某点、转折处或相交处的团状化形成机构型养老建筑内主要的公共空间，例如入口门厅空间、多功能空间、老年人共同生活空间和垂直交通前的等候休息空间等，以此为基础对应展开行为领域之间的空间序列连接团状化交互设计。空间序列连接团状化交互设计主要赋予老年人行为领域内的人群集散功能，具有多点散射特征。机构型养老建筑行为领域之间的空间序列连接团状化交互设计为入住老年人的公共交往行为提供了明确的集散性场所空间，进而形成小规模组团式平面布局模式。空间序

列连接团状化形成的行为领域有效缩短了老年人群的移动距离，提高了建筑空间的利用频率，方便老年人进行交往活动的同时，避免了因大空间集体活动而产生的不同人群动线的交叉干扰。空间序列连接团状化将人群进行多中心分区疏散，方便护理人员对老年人开展看护和管理，同时保持了老年人行为领域之间空间序列连接的连续性，创造集合性公共空间。通过上述空间行为动线交互设计以增强行为领域空间序列连接的便捷性与通畅性，交互过程反馈阶段内老年人行为领域的构成性得到提高。

三、养老建筑空间细部交互设计策略

（一）居住空间

1. 以在床移动范围为核心的空间尺度

老年人生活单元的基本组成部分为居住空间，单一居室空间面积应大于或等于 10.88 m²（3.4 m×3.2 m），居室空间尺度以老年人在床移动范围为核心，满足老年人日常生活行为（包括自理行为和介护行为）的空间需求。床位尺寸为 2100 mm×1000 mm，床头距墙面狭窄一侧的空间 A 应大于或等于 600 mm，以满足自理老年人就寝时的基本起卧行为。床头距墙面宽敞一侧的空间 B 应大于或等于 1500 mm 以确保轮椅使用和回转，床尾一侧空间 C 应大于或等于 900 mm 以满足轮椅的通行要求。

2. 单人居住空间

老年人生活单元内单人居住空间的交互设计应该充分结合老年人个体行为特征、尊重老年人私密性和老年人惯用物品家具的摆放方式，从单人居住空间出入口、个人卫生间和床位的位置关系出发探讨空间设计要点，进而结合收纳空间以及建筑室内外空间关系对单人居室空间进行类型化设计。

3. 多人居室的单人空间化

在多人居室的交互设计中，从老年人个人生活领域和私密性保护的需求出发，对居住空间进行单人空间化设计，利用软质遮挡物创造老年人个人生活领域，同时注意避免对老年人产生闭塞感，遮挡物应开放、通风且易于闭合。

（二）通行空间

1. 垂直交通空间

养老建筑内垂直交通的空间位置应考虑入住老年人的步行距离、疏散距离、垂直交通空间之间的间隔距离、垂直交通的类型、养老建筑空间整体形态，以及日常生活空间的使用和管理的便利性等影响因素进行交互设计，步行距离 L 应该小于或等于 60 m。

2. 廊下空间组织

老年人生活单元内各空间由廊下空间负责连接，廊下空间是入住老年人在建筑室内主要的通行空间，也是老年人的步行训练场所，廊下空间的设计应该考虑老年人行走能力的差异性，根据老年人行走方式的不同进行交互设计。

（三）空间整体交互设计

运用本章上述养老建筑空间交互设计的具体方法和对应模式，同时嵌入具体建筑功能，探讨交互设计理念下的各类型养老建筑空间构成形态的功能组织关系和空间布局形式，并且归纳出各类型养老建筑构成形态空间交互设计的具体平面设计提案，为养老建筑的空间设计实践提供参考。

1. 手钥型构成形态的空间交互设计

手钥型构成形态的空间交互设计具有 4 种基本平面布局形式，其中外侧手钥型和内侧手钥型的建筑空间转折处形成"场"，通常结合为护士站、机能训练和垂直交通空间进行集中设计，同时在建筑两翼的老年人生活单元内设计独立的共同生活空间，共同生活空间是形成"子场"的区域，满足各生活单元内入住老年人交往、就餐、活动、娱乐、洗浴等行为需求，功能布局充分体现邻接和近接的空间交互设计原则。中心共同生活空间化和中心动线集散式适用于较小规模的养老建筑，空间形态较丰富，功能布局灵活。中心共同生活空间化注重"场"内满足老年人各种日常生活行为的开展以及护理人员对老年人的看护照料，中心动线集散式通常将老年人生活单元围绕垂直交通单元布局，注重空间对人流的疏散功能，将公共空间和洗浴、护理等附属功能嵌入各个生活单元内，建筑的中心空间主要承担疏散功能。由于中心设置较大的公共空间，以上两者的通风效果较好。

2. 马蹄型构成形态的空间交互设计

马蹄型构成形态的空间交互设计具有 3 种基本平面布局形式，其中北侧开口在建筑南侧创造公共空间，同时满足建筑东、西两翼的老年人生活单元的使用，且拥有南向采光。位于南侧中心处的护士站满足护理人员同时对两侧入住老年人进行照料和护理，设计时需要在建筑东、西两翼的组团单元内设计独立的共同生活空间，满足入住老年人的使用需求，同时在南、北建筑连接处设计通风口，保证室内空间质量。内侧中庭化设计使得老年人卧室的布局更加有机灵活，中庭实现室内外空间的交互渗透，室内通风状况较好，建筑内部进入内庭院的廊下空间设计也较自然。内侧中庭化、西侧开口使得建筑空间更加开放灵活，位于建筑平面北侧与娱乐室邻接布置的小庭院和西侧对外的中庭空间形成对比，老年人卧室围绕一大一小两个庭院灵活布局，其中嵌入护理、机能训练、洗浴等功能空间，使得建筑整体空间富有变化。

3. 围合型构成形态的空间交互设计

口字围合型构成形态的空间交互设计具有 4 种基本平面布局形式，其中中心共同生活空间化使得分散的老年人生活单元实现空间的二次组团，每个生活单元由两间卧室共享一个公共餐厅空间和洗浴空间组成，平面中心的共同生活空间内形成的"场"将 4 个生活单元联系，满足建筑北侧护士站内护理人员的有效看护管理要求。中心回廊庭院化适用于较复杂的建筑基地，可以根据地形自由布局老年人居室，围合形成庭院，使得建筑内外空间产生良好的渗透感，有效引入庭院内外的自然景观，空间整体构成具有有机生态的特征。三围合组团和四围合组团式构成形态的空间交互设计适用于较大规模的养老建筑，其空间设计本质属于中心共同生活空间化，实现养老建筑内空间的多层次组团，将大规模空间分散，便于护理人员管理，同时在每个组团单元内嵌入庭院、多功能厅、浴室、餐厅、谈话室等附属功能。设计中应注意防止各组团单元内功能及空间形态的重复，避免空间形态的单一，利用公共空间之间的穿插、咬合，在组团单元之间形成空间的自然过渡，各组团单元内的公共空间应尽量保证一侧对外开窗和设计通风口，保证室外自然景色的引入和室内通风。三角围合型构成形态的空间交互设计及功能布局特征和口字围合型相似，其老年人居室空间的布局形态更具韵律感，适用于小规模养老建筑，养护老年人数为 20~30 人。

4. 放射型和涡型构成形态的空间交互设计

放射型构成形态的空间交互设计注重老年人各居室的南向采光，各居室布局灵活，组团形成的共同生活空间内可嵌入护士站、医疗护理、老年人机能康复训练、集体就餐和活动等功能。该空间也是养老建筑内形成"场"的区域，平面布局自由灵活，有效缩短了老年人日常生活和护理人员看护照料的相关行为动线，同时在建筑各朝向均可局部设计通风口，保证室内空间质量。涡型构成形态的空间交互设计使得老年人各居室的布局更加灵活开放，老年人共享的公共空间得以扩大，同时在各居室之间形成半私密空间和半公共空间，满足不同类型老年人的生活行为需要。同样，在建筑的中心处形成"场"，老年人及护理人员的各种行为相对集中，空间组织形态也较灵活丰富，公共浴室、卫生间、理疗室、谈话室等附属空间也和老年人卧室空间遵循邻接和近接的空间交互设计原则，各功能空间的使用效率得以有效提高。

四、整体控制性与动态持续性交互设计策略

有效提高交互过程整体控制性与动态持续性的交互设计策略包括以下两个方面。

（一）提高交互过程中入居老年人对所处空间的整体控制性

在承载老年人行为领域的空间系统内创造更多的知觉空间序列，通过老年人视线的可见及引导，也能观察到其他行为领域内老年人行为活动的情况，从而使自己的所处空间本身具有产生主要行为领域的效应，而老年人的行为活动也具有集聚特性。实地调研机构型养老建筑的空间组构都相对较封闭，空间之间的流通性相对较差，例如如果公共活动空间中老年人较少，则无法吸引其他老年人的集聚。因此应该在承载老年人行为领域的整体空间系统的视线导向上，促进空间内外老年人交流互动，从而达到行为领域之间的渗透联系，使空间本身的集聚作用得到有效发挥。例如已经身处公共活动空间内的老年人，通过空间的视线引导可以让路过的老年人加入他们的交往活动中来，另外路过的老年人能看到公共活动空间中其他老年人的活动状况，增加了他们在此停留及进入空间中形成新的行为领域的可能性。此外还要注重机构型养老建筑室内空间与外部空间的视觉联系，窗的位置及高度要满足老年

人坐下时的视线要求,从而有效提高了交互关系作用过程中入住老年人对所处空间的整体控制。

(二)提高交互过程的整体动态持续性

最直接有效的方法是在机构型养老建筑内通过分隔手法围绕中庭核心使得空间整体形成回环反复的空间洄游路线,使得老年人的路径行走既有识别性又有一定的趣味性,老年人的行走体验丰富,更乐于参与到各种公共活动中去。机构型养老建筑内,内空间回路的形成有利于简化交通路线、节省活动时间、扩大空间感、加强老年人之间的交流、有利于通风、有利于多方向射入光线,以及交通面积的复合使用[26]。提高交互过程整体动态持续性的空间洄游路线设计,既包括在机构型养老建筑内组织承载老年人行为领域的整体空间系统,也包括在各组团生活单元内来组织承载老年人行为领域的局部空间系统。例如个体空间行为交互关系、单维线性空间行为交互关系、多维辐射空间行为交互关系内形成老年人行为领域的空间,多位于建筑空间中心节点、空间转折处或空间两翼端部,均具有局部分散线性布局的共同特征。老年人的居住空间及主要的交通空间与承载行为领域的空间联系不紧密,因此造成老年人行走路径过长,空间集聚效应的辐射范围过长,无法对居室内的老年人产生吸引力,很多老年人因此放弃或减少使用该空间的频率[27]。因此在对空间组构布局时,应考虑在承载老年人行为领域的局部空间系统内,通过空间分隔设计形成局部回环反复的空间洄游路线,增强局部空间系统内交互过程的动态持续性。环状拓扑空间行为交互关系与多维组合空间行为交互关系的空间布局,考虑对空间洄游路线进行分级设计,保持整体与局部的协调秩序性,避免空间洄游路线过多对老年人产生迷惑与困扰。例如当平面尺度过大的时候,承载老年人主要行为领域的空间因布置在距离交通流线的空间位置适宜的部分,兼顾到端部的老年入住单元,这样在人流多的地方,易于使其他的老年人了解在该场所老年人在干什么。同时联系承载老年人次级行为领域的空间系统,形成核心空间洄游路线,在核心空间洄游路线与局部空间洄游路线的交会处设计开敞式共享空间,在提高交互过程整体动态持续性的同时,保证空间路径明了易达、空间层次明晰。

[26] 周燕珉,林菊英.“空间回路”在中小户型住宅中的应用.建筑学报[J].2007(11):5-7.
[27] 邓立飞,李玉堂.城市老年人住宅建筑研究[J].华中建筑.2003 (21):78.

另外，在上述针对建筑空间与环境要素的设计基础上，还可以通过养护服务与管理模式的设计，在机构型养老建筑的社会环境内形成护理人员与入住老年人之间的良性互动，以有效提高交互过程的整体控制性与动态持续性。可借鉴的养护服务与管理模式设计经验包括：以人为中心的护理模式、居住者指导下的护理模式、无约束的个性化的护理模式，以及伊甸园模式等。上述养护服务模式的重点在于改变传统养老机构内程序化的集体管控模式，把生活的决定权与对居养空间环境的控制权交给入住的老年人，支持老年人的自主选择。居住者可以安排自己每日的活动、强调个性化的养护照料，使居住者回到了熟悉而又舒适的日常生活中，提供居住者给予与接受照料的机会[28]。重点包括以下几个方面：首先，尊重入住者的自主选择权，在机构型养老建筑内创造个性化的居住空间，护理过程中应该注意老年人的个体差异性，不仅仅是健康程度的差异，尊重每个入住老年人的习惯、生活方式、喜好和个体需求等，从照顾、保护老年人的身体到帮助老年人实现自我满足的人生观念的转变；其次，老年人可以根据自己的需求与习惯对每日的生活起居进行自主安排，护理人员支持老年人对日常生活内容的决定，负责辅助照顾老年人活动的安全性，同时建议减少管理人员，增加一线照护员工；再次，个性化的照料与寻找老年人不恰当行为、抑郁或过度失能的根本原因，确保存在健康问题的老年人依然享有权力指导护理人员为老年人提供恰到好处的护理服务；最后，消除养老机构内程序化集体管理给入住老年人带来的单调、乏味、无助引发的孤独与痛苦感，确保一线护理人员和居住者都是做出决定的人，降低程序性活动的重要性以保证老年人之间的社会关系具有多样性、自发性、持续性以及交互性，创造一个有植物、宠物、儿童的宜居场所。利用上述养护服务与管理模式设计，在护理人员与老年人之间、入住老年人群之间创造良性互动，进而在机构型养老建筑的社会环境内营造具有整体性、持续性的良好的交互关系。

---

[28] 周燕珉教授工作室《美国护理院中"文化转变"的典型模式有哪些》。

结语

　　机构型养老需要全社会共同构筑出老年人可以舒适安度晚年的社会大环境，主要表现在社会养老制度的完善，以及养老服务尺度的把握等方面。保险体制是机构型养老的关键，需要国家在资金上的有力支撑，在养老资金到位的同时，还需要政府进行周详的统计和各种社会资源的合理调配，民营的服务设施对国营设施网络体系进行互补。养老服务尺度的把握体现在对老年人实现不间断的长年服务，这就需要对老年人身体状况进行详细不间断的诊查评估分级，例如针对认知障碍的痴呆老人的养老服务方式，进行多次贴心的检查，提供恰到好处的高品质交互式养老服务。同时，未来研究课题还需要考虑老年人在建筑空间环境内的认知过程及知觉体验特征，向满足老年人的视觉、听觉、嗅觉、味觉、触觉等五感体验的空间交互设计研究拓展。机构型养老建筑的物理空间是由长、宽、高确定的，并且在一定范围内可以进行数学测量的客观存在的三维实体空间，而心理空间则是由老年人感知到的空间，无法用尺子来丈量其大小或体积的虚拟空间。物理空间的变化会直接影响到心理空间的变化；相反地，以个体本身的心理去感受其所处的物理空间，那么这个物理空间就会反映出个体的知觉体验。因此，空间环境对老年人心理知觉所产生的交互作用也是研究未来可发展的相关研究课题之一。未来机构型养老建筑空间行为交互设计将以人性化为前提、智能化为手段、生态化为目标向全方位融合，在交互中发展。创造高层次交互拓展还需要将研究课题拓展到新的层面，抛开日常生活中现有的机构型养老建筑空间原型，探讨未来机构型养老建筑的空间设计如何利用智能化与生态化相结合的交互技术，来为老年人提供更自然、更舒适的空间环境交互体验。

著者简介 ————————

王洪羿

大连理工大学建筑学博士，苏州大
学设计学博士后，现任教于苏州大
学建筑学院。曾赴日本访学，致力
于养老建筑与健康人居领域的设计
及研究工作。